水俣な人

水俣病を支援した人びとの軌跡

写真と文　塩田武史

未來社

目次

装 幀
村松道代(TwoThree)

水俣な人

——水俣病を支援した人びとの軌跡

はじめに

私はこれまで水俣病問題ほど年齢、階級を問わず多くの支援者がかかわってきた運動をほかにしらない。昭和四四（一九六九）年第一次訴訟提訴前後から一株運動、判決、直接交渉など、全国の人びとが水俣に駆けつけた。知恵を出す人、汗を流す人、お金を出す人、いつもデモの先頭に立つ人……。私はこういう人びとを秘かに『水俣な人』と呼んでいた。

四五年間、患者を中心にカメラを向けてきたが、同じくらい多くの「水俣な人」が私のフィルムに残っている。

撮ろうと思って撮った人もいるが、自然にカメラに収まった人、チョット気になる人も撮った。つねづね、いつかその人たちに光を当ててみたいと思ってきた。

日本じゅうが迷走しているいま、かつての水俣病を闘った輝く人びとの生き方が、これからの日本が進むべきヒントになればいいと思っている。

二〇一三年三月一日

塩田武史

石牟礼道子

……自分が人間であることが
とても恥ずかしかった……

いしむれ・みちこ
一九二七年熊本県生まれ。作家、詩人。「水俣病〔対策〕市民会議」結成に参加。不知火総合調査団を提案、参加。新作能「不知火」を発表（東京、熊本、水俣〔埋立地〕）で上演）。一九六九年『苦海浄土——わが水俣病』（講談社）が熊日賞、大宅壮一ノンフィクション賞（辞退）を受賞。『天の魚』（筑摩書房）『椿の海の記』（朝日新聞社）『あやとりの記』（福音館書店）など著書多数。『石牟礼道子全集』（全一七巻、藤原書店）刊行中。二〇〇一年度朝日賞受賞。

今回の企画のための久しぶりの再会。すぐ近くにいながら、あまり訪ねることはなかったが、笑顔で迎えてくれた。書きたいことは山ほどあるが、「なめくじのような速度で少しずつ書いています」。しかし、時間はあまり残されていない。H24. 3. 3　熊本市内の仕事場にて

湯堂湾を背景にして胎児性患者、坂本しのぶさんと談笑する石牟礼さん。なにかを語るということではなく、ひとつひとつ彼女のその感性をくみとってゆく。私たちにはとうていわからない二人だけの世界が拡がっていた。S44. 11. 18　湯堂湾、自宅前にて

患者とその家族以外で初めて水俣で知り合った人が石牟礼さんだった。ある日、水俣市立病院に盲腸で入院していることを聞いて、『苦海浄土』を出したばかりの石牟礼さんを見舞ったことがある。

いろいろ話をしたと思うが、〝ポツリ〟と石牟礼さんがつぶやいた言葉が忘れられない。「みんな撮っておかないと……。みんな死んでしまう……」。

私が水俣で初めて撮った胎児性水俣病患者・田中敏昌君が亡くなった（昭和四四〔一九六九〕年一一月）すぐあとだったと思う。そこが病室でもあり、彼女独自の語り口もあり、自分がもう死んでしまうのではないかと思える錯覚を受けた。

患者が出始めた昭和三四年頃、市立病院に結核で入院していた小学生の長男を見舞った石牟礼さんは隣の病棟で一人の水俣病患者と遭遇する。「息がつまるほどの驚き、そして出会ってしまったという責任」が胸の奥にいつまでも刻まれ、無心に書きつづったことがのちの『苦海浄土』となる。「……自分が人間であることに

原稿を推敲してゆく石牟礼さん。いま思うに、作家という人はこんなにも原稿をチェックするものかと、赤ペンで真っ赤になった原稿用紙を思い出す。
S44. 10. 20　水俣市内の目当猿郷の自宅書斎にて

耐えがたかった……。自分が人間であることがとても恥ずかしかった……」とのちの私のインタビューに答えている。

『苦海浄土』はその後、私だけではなく、運動にかかわった人びとのバイブル的な存在になってゆく。しかし、水俣病運動の状況を変えるために文章だけでなく、直接語り、行動する人でもあった。旧厚生省前での行動、自主講座での・・・トツトツとした語り、チッソ本社の直接交渉の座り込みなどいつも私のカメラに納まっている。

　石牟礼さんが描いた世界に誰もが操られるように動いていた。患者たちのもつ精神や叡智を学びとって、〝魂の絆〟をどう取り戻せるかということしかないという。石牟礼文学がその後の表現者に与えた影響力の大きさははかりしれない。

水俣市地区労働組合の集会の前、チッソ工場前に訴訟派患者とその家族が集合。「怨」の黒旗はまだ新しい。この旗を発案したのは石牟礼さん。チッソはいつもその「葬式のような黒い旗」を嫌がり、「ヤメてください」と言っていた。この後、地区労主宰のメーデー会場へ。
S45. 5. 1　チッソ水俣工場正門前にて

原田正純

ある胎児性患者との出会いが胎児性患者の存在をつきとめる

はらだ・まさずみ

一九三四年鹿児島県生まれ。医師、元熊本学園大学教授。熊本大学大学院医学研究科修了。二〇一二年逝去（七七歳）。胎児性水俣病、三池一酸化炭素中毒、土呂久砒素中毒、カネミ油症など社会医学的研究を行ない、ベトナムの枯葉剤の影響や中国・インド・タイなどの砒素中毒、カナダ・ブラジル・中国・アフリカなどの水銀汚染などを調査。一九八九年『水俣が映す世界』（日本評論社）にて大佛次郎賞受賞。二〇〇一年に吉川英治文化賞、一〇年に朝日賞受賞。

まだお元気なころ、自宅にうかがってインタヴュー。闘病生活のなかで笑顔で迎えてくださった。
H24. 3

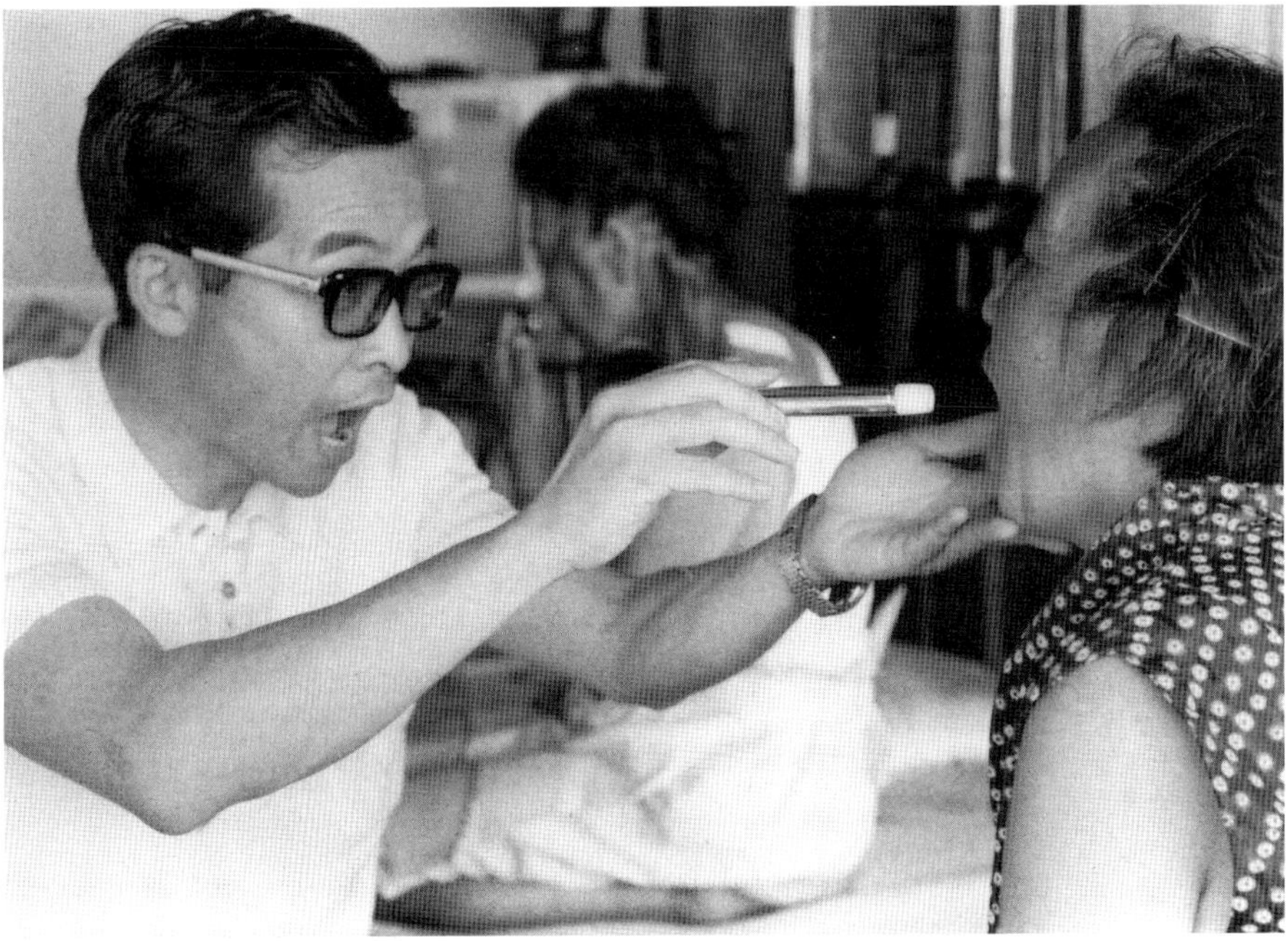

水俣の対岸にある天草・御所浦での一斉検診風景。「隠れ水俣病」「うして水俣病」「潜在患者」当時の未認定問題はいろんな表現がされていた。S44. 夏　御所浦にて

私には忘れられないひとつの光景がある。

昭和四七（一九七二）年七月の水俣病第一次訴訟の出張尋問で患者（田上義春）宅の前のアスファルトに寝そべって原稿用紙を広げている原田医師の姿である。

締め切りが迫っているのか、よほど忙しいのか、みずからが証人として証言する場で原稿を書く姿。〝なんだろう、この人は!?〟と思ったものだ。残念ながらそのときの写真は撮っておらず、いま思えばそれが悔しくてならない。

私は学生時代に胎内被爆児（原爆小頭症）のことを知り、その後、新聞の「ベタ記事」の「胎児性水俣病患者、危篤」の記事を大切にしていた。胎内被爆児と胎児性水俣病……。これはいったいどういうことなのか？　自然と水俣にも目が向いていった。

昭和三六年頃、熊大院生の原田医師は教授に同行し、初めて水俣へ。母親の胎盤は胎児を守るため毒物を通さないというそれまでの定説をある胎児性水俣病患者の母親との出会いで覆《くつがえ》すことになる。

医学は「現場」に行かなければならないというのが信念だった。水俣病センター設立基金カンパの 3km 余のデモ行進（左より原田医師、宇井純、坂本母娘、浜元二徳）。
S47. 6. 7　ストックホルム中心部の入江で小休止

その後、原爆小頭症、CO中毒、カネミ油症、土呂久鉱害など、〝現地〟に入り、患者と向き合っていた。

私は卒業後、水俣に移り住み、同じような九州内の問題場所を訪ね歩いた。写真は現場に行かないと撮れない。医師もまた当然、現場に入らないと診察できない。

原田先生はその後、ベトナム、ブラジル、カナダなど海外の被害者の世界までその診察領域を広げていった。

原田先生が亡くなられたいま、しがない写真家と先生の頭のなかは同じだったのかと妙に納得している自分がいた。原田先生の言及も必然的に社会的、政治的分野にまで及ばざるを得なかった。患者を通して社会を見る〝ジャーナリスト精神〟というべき観点があったのではないか。今回の福島の原発事故も水俣も専門家だけに任せておけばよいというものではない。解決の糸口は被害者のいる現場のなかにしかないといつも言っていた。

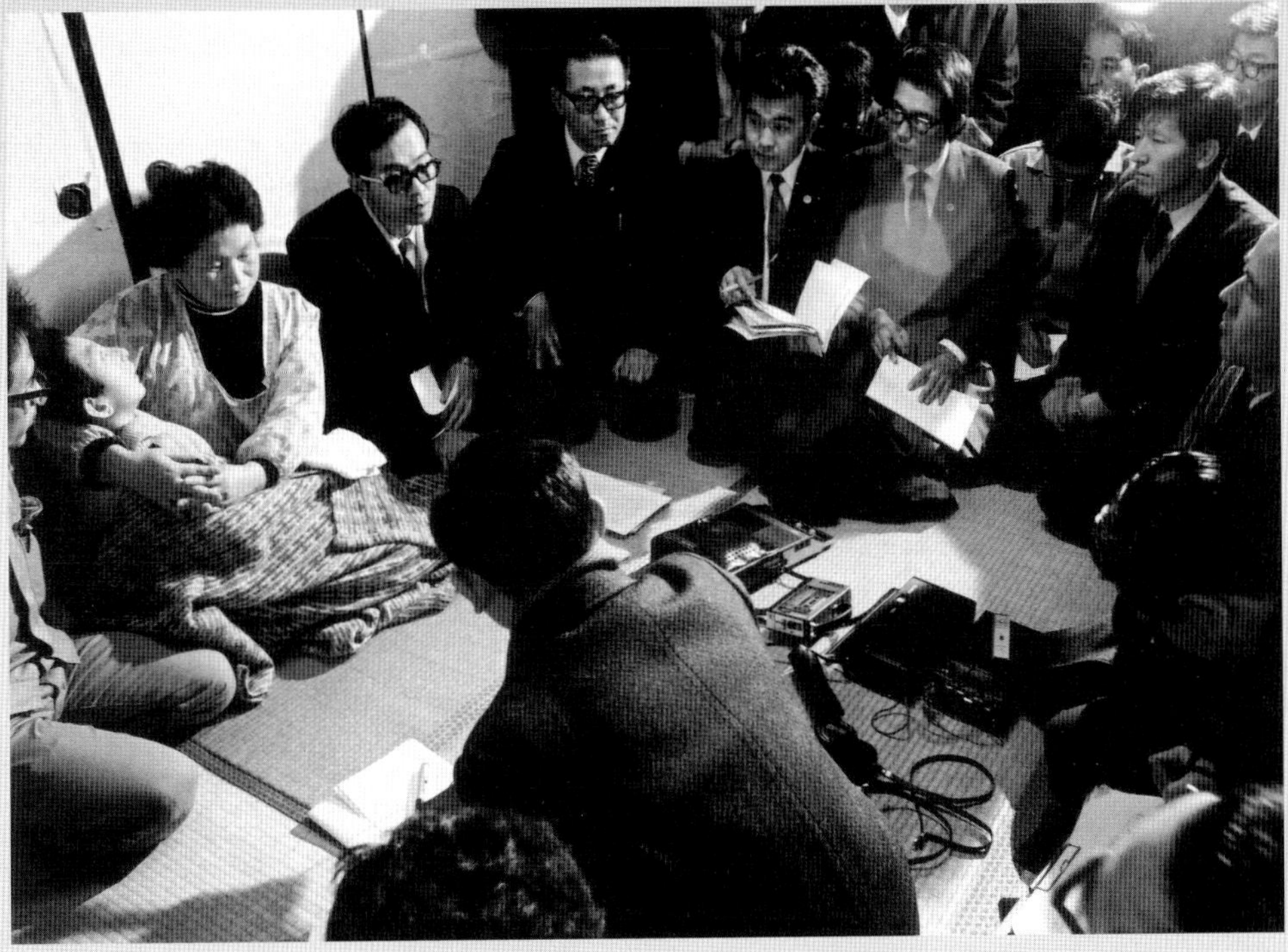

原田医師の現地証人尋問。斉藤裁判長（右端）に日常生活を説明（証言）する。
S46. 1. 9　第一次訴訟現地検証（尋問）、水俣市出月の上村智子さん宅にて

日吉フミコ

胎児性患者と出会い、一晩中泣き明かした

ひよし・ふみこ
元社会党水俣市議会議員、水俣病市民会議会長、元小学校教頭。九八歳。『水俣病患者と共に——日吉フミコの闘いの記録』（松本勉・上村好夫・中原孝則編、草風館）がある。

98 歳になったいまも「100 歳まで生きる」と元気である。少し耳が遠いくらいで、この日も 2 時間近いインタヴューでもしゃべりっぱなしであった。H24. 3. 16　水俣市ケアホーム「リブラン扇」にて

チッソ第一組合の８時間ストライキであいさつする日吉フミコ市民会議会長。日本労働史上初の「公害スト」でもあり、一任派にたいする旧厚生省補償処理委員会の低額補償に抗議してのストでもあった。
S45. 5. 27

私はフリーランスの写真家だったので、よくいろいろな頼まれごとがあった。ミカン山の手伝い、漁の手伝い、女子高生（障害者）の送迎など。いい若者が、毎日ブラブラ（？）していたので頼みやすかったのかもしれない。

そのなかでも一週間の選挙の手伝いは初めての経験でおもしろかった。私は日吉先生の運転手。女房はウグイス嬢。先生の四期目、最後の選挙だった。

小学校教師時代（最後は教頭）、ある受持ちの生徒の見舞いに行った先生は胎児性水俣病患者の悲惨な姿を目にする。「もし、自分が母親だったら、この子に何をしてあげられるだろうか」。子どもが二人いる四〇代の母親（先生）が老母の胸でその夜、泣き明かしたという。

議員に当選したそれからの先生は行政だけではなにも救えないと〝おどっぱす〟（なんでもすすんでする）、〝火の国の女〟と呼ばれながら、九八歳のいまも闘いつづけている。

主な活動をあげると、八幡プール排水口の「隠しパイプ」を暴く（昭和四一〔一九六六〕年）。水

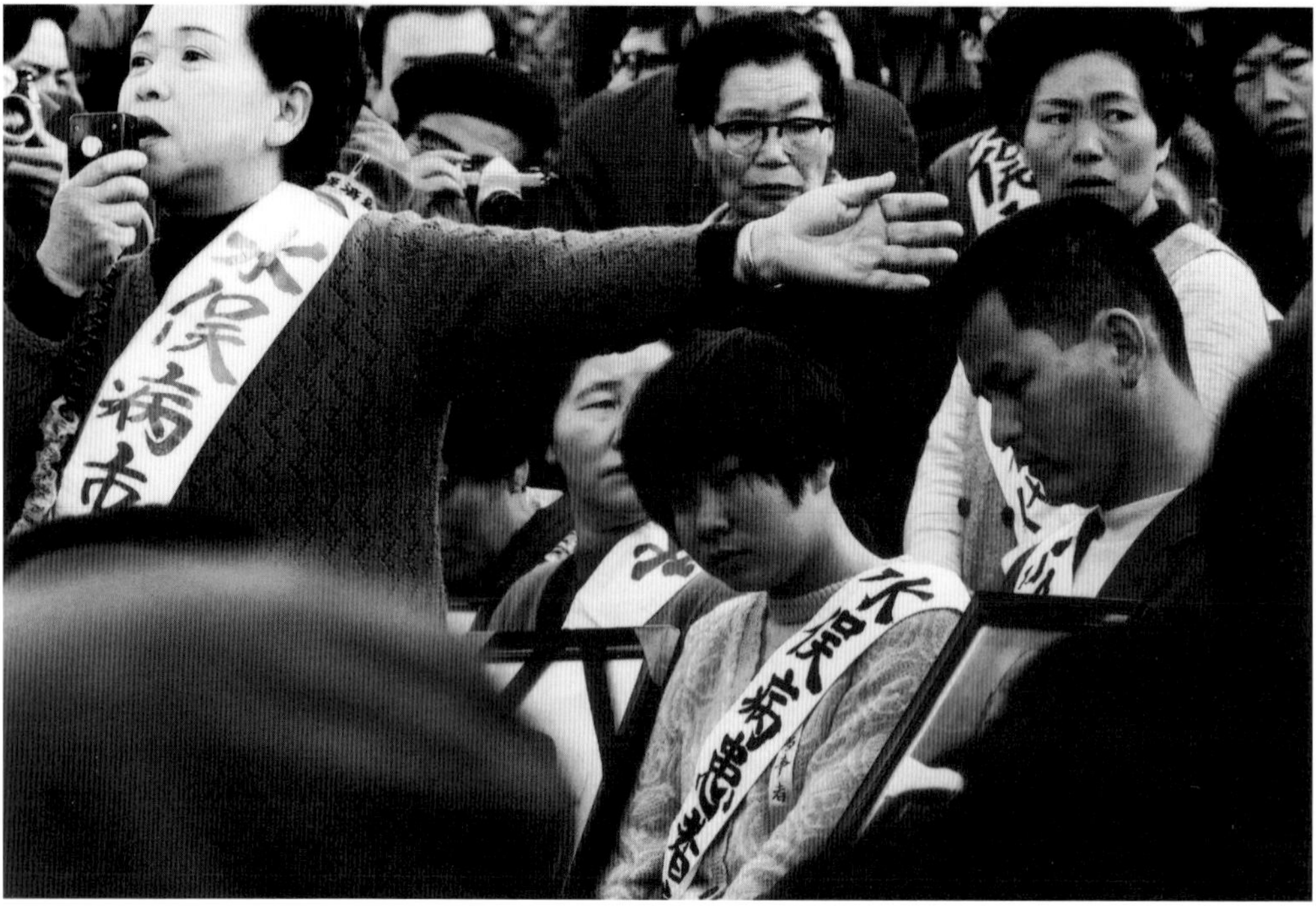

判決の日の朝、患者をひとりひとり紹介する日吉フミコ水俣病市民会議会長。S48. 3. 20

俣病を世に知らしめるため市職員や労組員三六人で「水俣病（対策）市民会議」を立ちあげ、会長となる（昭和四三年一月）。園田厚生大臣（当時）に患者の救済を直訴し（昭和四三年）のちの政府の「公害認定」につながる。浮池水俣市長（当時）に「患者に替わってアナタを呪う」と追及し、二度目の懲罰動議をくらう（昭和四五年）。判決後にはチッソとの「補償協定」にも立ち会っている（昭和四八年七月）。

彼女の存在がなければ水俣病の運動はこれだけの広がりはなかったと思う。なによりも市民が水俣病を徐々に理解していって、活動の輪が広がっていったのがなによりもうれしかったと当時を振り返る。自分の利益だけでなく、人の幸せのために働いていた日吉先生は、久しぶりにお会いしてもまったく変わっていなかった。少し耳が遠いだけで、これほど変わらない人も珍しい。私たちも元気をいただき、精神的にも助けられた。

松本 勉

新潟水俣病を知り、水俣の裁判の〝きっかけ〟を作った人

まつもと・つとむ
元水俣市役所（建設課）職員、水俣病市民会議事務局長。七九歳で逝去。編著に「水銀（みずがね）」第一集～第四集（碧楽出版）がある。

立派な仏壇を守る長女の由紀子さん。父は真面目で、外での遊びもせず、家庭のなかでも自分の部屋に閉じこもり、いつもなにかをしていた。水俣病に半生を捧げた人だったという。H24. 5. 20

結審後、訴訟派患者は自主交渉派と合流し、チッソ社長との面会を求め、チッソ本社前にて集会をし、その後、座り込む。マイクを握る松本さん。その左奥には上村智子さん親娘の姿もみえる。S47. 10. 25

「市職労組」の一員でもあった松本さんは日吉フミコ市議を誘い、広島での全国自治研修会に参加している。そこで「四日市ぜんそく」「イタイイタイ病」の訴訟、そして、新潟でも第二の水俣病が「裁判問題」になっていることに驚く。昭和四二（一九六七）年七月であった。

当時、水俣では誰もがチッソが海に流す廃水が水俣病の原因だとは知っていても「チッソ様」に遠慮して、行政も市民もなんの発言もしてこなかった。水俣と同様の会社は日本じゅうにあり、第三の水俣病が出る恐れもある。なんらかの手を打つ必要があると二人は話し合っている。

その後、松本さんは新潟の「民水対」に「水俣も裁判をしたい」と現状を詳しく手紙に書き、坂東弁護団長からの「応援しましょう」という手紙を受け取っている。

昭和四三年一月一二日「水俣病（対策）市民会議」発足。翌四四年六月一四日熊本地裁に提訴。新潟の坂東弁護団長と連携をとりながらの裁判までの行動はすばやかった。

患者総会で判決（3 月 20 日）前の詳しい行動予定を説明する松本さん。患者・家族に信頼され、この人がいなければ第一次訴訟は勝てなかったと思う。
S45. 3. 10　湯堂の患者宅にて

新潟の裁判があればこそであった。

それにしても、日吉先生とのこの二人がいなければこれほどの水俣病の展開はなかった。「日吉の動、松本の静」と私は呼んでいた。水俣病に捧げた半生だった。

松本さんは〝生真面目な人〟だったという。ビールを牛乳で割って飲むような人。夕食後はすぐ自分の部屋へ、家族団欒はなかったという長女の由紀子さん（四四歳）。

松本さんは「水銀（みずがね）」という私にとっては一級の資料と呼べる四家族（四集）の事実のみを記録した冊子を残している。第一集はタイトルの生みの親おツヤ婆さんの記録。娘二人が水俣病（一人は死亡）の田中アサヲさんの第二集。第三集は坂本しのぶさん宅の記録。小学校入学直前、水俣病に罹った目が見えない野球少年・松田富次さんの第四集。

私にとっては手放せない貴重な資料となっている。

3年余つづいた第一次訴訟の結審後、原告・弁護士・支援者など関係者が集まって、記念写真と相成った。もう二度と足を運ぶこともないだろうというのがいちばんの理由だったが、それぞれの表情には一抹の寂しさも見えた。あらためて写真を見ると、鬼籍に入った人も多く（20人以上）、歳月の長さが思いやられる。S47. 10. 14　熊本地裁前にて

坂東克彦

熊本水保病第一次訴訟のきっかけをつくる

ばんどう・かつひこ
元新潟水俣病弁護団団長。八〇歳。

80歳になったいまも現役の弁護士であるが、現在は水俣病を未来に伝える資料収集に忙しい日々をおくる。H24. 9. 5　新潟の坂東弁護士事務所にて

新潟の唯一の胎児性患者、古山知恵子さんと坂東弁護士（右端）を出迎える水俣病患者たち。この後「新潟と水俣手をつなごう」と交流会。S43. 1. 21　水俣駅前にて

日本の四大公害裁判でその先鞭《せんべん》をつけたのが新潟水俣病裁判であった。その中心人物が坂東克彦さんだったが、熊本水俣病訴訟の〝きっかけ〟を作った人ということは意外と知られていない。

　新潟水俣病が裁判に訴えたことは水俣にとっては驚きだった。水俣市役所の松本勉さんから新潟の「民水対」に一連のハガキが届く。「水俣でも裁判に立ち上がろう」という話が出ている。「どうしたらよいか」という内容だった。坂東弁護士は、水俣にも行きたいと、カーボン紙を敷いて一〇枚の手紙を書いた。水俣ではあわてて受け入れ態勢をつくり「水俣病（対策）市民会議」を結成する。

　新潟からの一〇名の一行を患者側は迎え、昭和三四（一九五九）年の「見舞金契約」座り込み以来、九年ぶりの行動で水俣市内をデモ行進。集会のあと湯の児リハビリ病院の胎児性水俣病の子どもたちを目にした新潟の人々は立ちすくんだという。坂東弁護士は八〇歳になったいまも闘いつづけているのはこのような子どもたち

新潟水俣病の判決勝利の日、記者団の質問に答える坂東弁護士。S45. 9. 29

が目にやきついているからだ、とのちの私のインタビューに答えている。

坂東さんは熊本の弁護士を紹介し、昭和四四年六月一四日提訴。証拠申請になっても証人がなくて坂東弁護士の提案で〝正面突破〟でいこうと元チッソ工場長西田栄一を証人申請。坂東さん自身が尋問に立ち、工場の「過失論」「責任論」を引き出す。そして、細川博士の『ネコ四〇〇号実験ノート』を見せてもらえるのは坂東さんしかいない」という石牟礼道子さんからハガキをもらい、ノートを写真に撮り、昭和四五年五月、みずから臨床尋問も行なっている。一〇月に細川博士死去。

このように坂東さんは新潟はもちろん、水俣でも大きな役割を果たしている。公害にたいする司法の基本姿勢は四日市訴訟、熊本水俣病、薬害訴訟などに受け継がれていくが、やがて訴訟ではメドが立たないということで「和解」の解決に傾いていく。「和解」に反対しながら三〇年闘ってきた新潟訴訟弁護団長を辞任することになる。

赤崎 覚
浦田直子

患者と〝地獄のそこまでつき合えるか……〟

あかさき・さとる
元水俣市役所職員。六二歳で逝去。
うらた・なおこ　五九歳。

“打たせ船”漁がさかんな計石漁港で、焼酎を飲みながら案内してくれた。焼酎は一生手放すことができなかった。S45. 7. 21

松田富次さん宅（湯堂）での赤崎さん。患者・家族に信頼されているのが、この写真からも伝わってくる。S46. 4. 8

この文章を読む前に、上の写真をいま一度よく見ていただきたい。中央が赤崎さん。両サイドは水俣病患者の親子。

この写真から、お互い信頼し、されているという慈愛が伝わってこないだろうか。私の好きな写真のひとつでもある。

赤崎はそういう人だった。

朝から焼酎の臭いがプンプンしてくる人。患者の家では〝焼酎はいよ（ください）〟と言える人。血を吐きながらも長女（直子さん）とケンカしながらも死ぬまで焼酎を飲みつづけた人。常識から外れたところは、ある患者たちには受け入れられ、そうでない患者たちから（本心からではなく?）敬遠されながら、総体として信頼されているという不思議な人だった。

『苦海浄土』には市役所職員衛生吏員・蓬《よもぎ》氏として登場する。写真の右側は松田富次さん（六歳で発病）。『苦海浄土』では「山中九平少年」として登場。本名ではなかった!!（『苦海浄土』は事実に基づいたフィクション？　まったく私の資料にはならなかった。石牟礼さんは

けなげにも「飲んべい」だった父の仏壇を守る直子さん。H24. 6. 27

第一回の大宅壮一ノンフィクション賞を辞退している）。

水俣での私の最初の下宿の隣に赤崎さん親娘が住んでいた。初めて飲んだ芋焼酎は臭かった記憶がある。飲むほどに目が据わってくると「（患者と）地獄の底までつき合えるか！」というのが彼の口ぐせだった。長女が〝小児マヒ〟に罹り、自分の娘と水俣病患者と重なって見えるのだろうか。いつも酔わずにいられなかったのかもしれない。

五六歳で市職員を早期退職後、水俣の山奥で隠遁生活。発見されるまで死後二日が経っていた。享年六二歳。いま、長女の直子さんが障害者夫婦で赤崎さんの仏壇を守っている。そのかたわらには一本の焼酎の一升瓶が供えられていた。私は写真を撮りながら嬉しかった。生前は気の強い娘とよく口ゲンカの〝言い争い〟をしていたが、やっぱり心はわかりあっていたのだと思った。

一任派補償処理に反対して16人の支援者が会場に座り込んだ。13人が逮捕され、のちに不起訴となる。委員会場が占拠されたため別室に待機する一任派幹部たち。浮池水俣市長（当時）の顔も見える。S45. 5. 25　旧厚生省4階会議室にて

土本典昭
土本基子

記録なければ事実なし

つちもと・のりあき
一九二八年岐阜県生まれ。記録映画監督。二〇〇八年逝去（七九歳）。六三年「ある機関助士」で監督デビュー。七一年『水俣―患者さんとその世界』（第一回世界環境映画祭グランプリ・マンハイム映画賞デュキヤット賞・ベルン映画祭銀賞・優秀映画鑑賞会年間第一位などを受賞）発表以降、一七本の映画で水俣病問題に取り組む。『映画は生きものの仕事である』『逆境のなかの記録』（未來社）ほか著書多数。

つちもと・もとこ　六五歳。

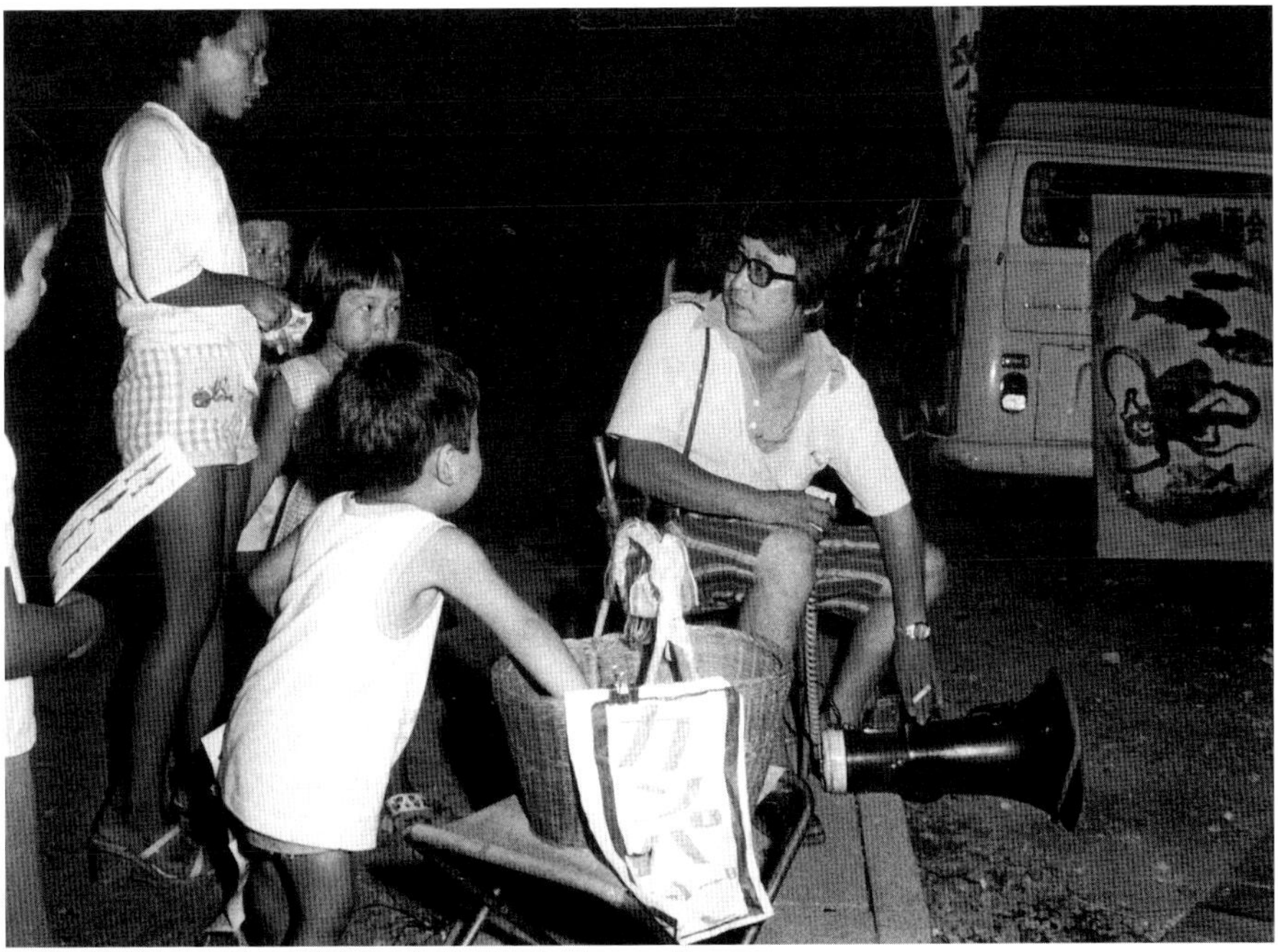

「巡海映画」と名づけて、天草一円を3カ月かけて上映。水俣から半径30kmにおよび、「未認定患者」発掘に貢献した。S52. 7. 31

映画「水俣」の「タコ捕り」シーンのロケ現場。映画の冒頭で「中世の教会の舞曲」とともに幻想的なシーンが出てくる。箱メガネでのぞきながら獲物を追う尾上時義さん。それをカメラで追う大津カメラマンと土本監督。S45. 8. 20　水俣市・明神沖にて

土本監督といえばあの「水俣——患者さんとその世界」のタコ捕りシーンが浮かんでくる。私もロケ現場にいたが〝おったバイ〟という名人の声で監督は岩場から飛び降り、録音機とマイクをぬらしてダメにしてしまう。私は思わず笑いかけたが、その場にいたスタッフは誰も笑わない。真剣勝負だった。

私の借家と彼ら映画班の下宿（患者宅）は隣同士。毎日同じように水俣病を追っていたので撮影日は自然と重なっていた。

私の生涯写真集は四冊。土本監督は水俣だけで一七本の作品を世に送り出している。この違いはたしてなんなのか？　基子夫人（六四歳）に聞いてみた。

それは情報量の違いだという。新聞を毎日一面記事からベタ記事まで、夫人の〝切り抜き〟は半日かけて、ときには六〇項目に及ぶことも。その記事を監督が毎日読んでいるかは聞かなかったが「いま、なにをしなければならないのか」という表現者の「先見の明」はこの新聞の「切り抜き」にあったと想像する。土本さんの

遺影を手に基子夫人
H24. 6. 11

さらにすごいところは映画を撮りっぱなしにしないということ。スウェーデン、ヨーロッパ、カナダ……などの海外、そして足もとの「巡海映画」と呼ばれた天草沿岸地域での潜在患者掘り起こしも意図した上映会など。

一九歳のとき、あるマルクス経済学者から「新聞には生きた事実がある」、とくにベタ記事を読み、経済記事や外電にも、目を通すといい、と勧められている。

私たち写真家には思いもつかなかった五〇〇人余の遺影の顔写真を基子夫人と一年余かけて撮り歩いている。その「記憶といのり」は壮観だった。まさに記録なければ事実なし。「いま、なにをすればよいのか」という問いかけが「切り抜き」の中にあったと想像する。

水俣の撮影五カ月間で四万フィート（二〇数時間のラッシュ）のフィルム。録音テープ一六〇時間。焼酎の一升瓶二〇〇本を空けたという。

西山正啓

映画がなにか考える手がかりになってくれれば……

にしやま・まさひろ
一九四八年山口県生まれ。記録映画作家。一九七七年、記録映画作家・土本典昭の助監督として「不知火海巡海映画活動」に参加。助監督作品として一九七八年「わが街わが青春——石川さゆり水俣熱唱」、一九八一年「水俣の図・物語」「こんにちはアセアン」など。監督作品として一九八二年「みちことオーサ」、二〇〇八年「貧者の一灯〜子や孫たちに語り継ぐ闘い」「水俣と向き合う〜記録映画作家・土本典昭の43年」ほか多数。

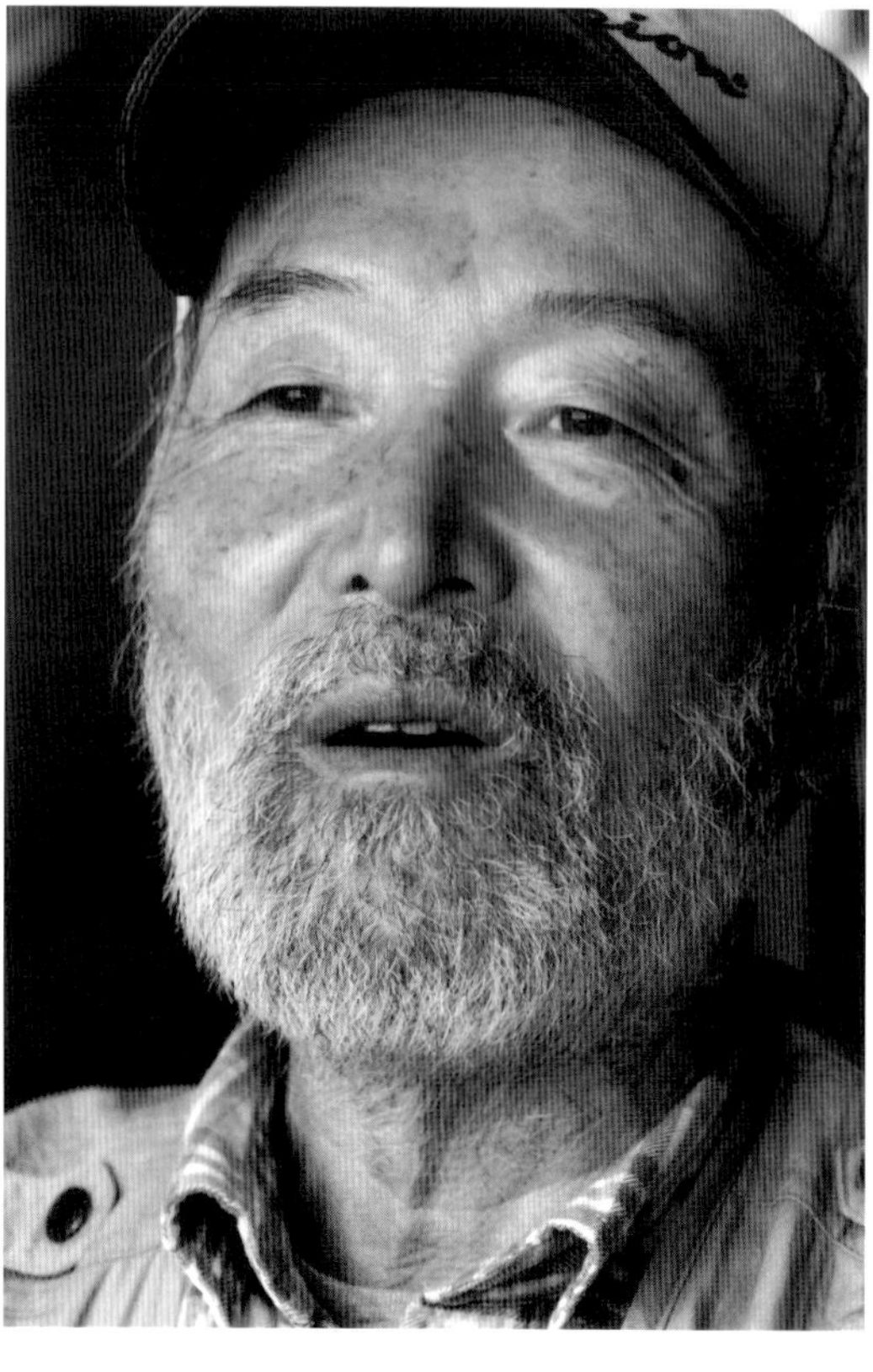

土本監督から「水俣の記録をしてくれ」と頼まれて以来、水俣・沖縄・原発の三本柱を中心に活動している。上映活動にも力を入れ、いつも忙しい。
H24. 11. 14　熊本市内で

映写機材、家財道具一式を抱えての移動はひと仕事。上映は夜7時から、昼間はビラを配ったりの情宣活動。10月までの3カ月余、133集落、70地点を巡った。
本来行政が取り組むべきことが、一映画人グループの努力に委ねられている現実が水俣病の底知れない“深さ”である（左が初めてスタッフに加わった西山さん。右は土本監督）。
S52. 8. 1　天草上島・姫戸にて

東京・神田の岩波ホールで二七歳だった西山さんは水俣の記録映画作家土本典昭さんの「不知火海」に出会う。それまで観ていた劇映画とは違って「人間を撮る」ドキュメンタリーに驚いたという。作り物ではない「人間が描かれている」と思った。社会的関心もあったので自分がやりたいことは「これだ！」と思ったという。

　九年間勤めた大手建設会社の橋や護岸工事の技術士の仕事は抜群におもしろかったが、悩んだ末、土本監督に一本の手紙を書く。「自分も映画をやりたい」と。そのときは、いまは映画を撮る現場がないとの返事が届くが、会社を辞め、アルバイトをしながら二年間待つ。

　土本監督のすごいところは映画を撮りっぱなしにしないところ。必ず、観せている。ヨーロッパ、カナダなど。それは映画の評価を知りたいと思う以上に、観客から学ぶということ。それが次の映画作りにつながるという。

　まもなく電話があり、一九七七年七月三〇日、土本さん構想の〝巡海映画〟に初めてスタッフとして参加する。これは外国ばかりに観せて歩

陸上の移動は調査団の色川さんの「ユーラシヤ大陸横断」の“どさ号”を借り受け、海は「海上タクシー」の船で移動。宿泊は町の公民館や体育館（左端が西山さん）。
S52. 8. 3　天草上島の竜ヶ岳町から御所浦へ移動

いて、足下の不知火海沿岸の住民には観せていないと気づいたからだ。水俣の対岸天草の未認定問題の〝掘り起こし〟にもつながることだ。一三三集落（七〇地点）での上映、対話と調査、そして再びの映画への模索。本来、行政がなすべきことを映画人グループがやっている。観せることも撮った者の責任だと思っている。

　西山さんはおよそ三カ月間の巡海映画を終え、スタッフの一人として「わが街わが青春――石川さゆり水俣熱唱」を撮り終える。四年間の助監督を経て一九八二年、「みちことオーサ」を初めて監督する。北海道・札幌市に住む重度脳性マヒの女性を撮った作品。監督、撮影、録音を一人でやっている。テレビ番組制作などで得たギャラをすべて自分の作品につぎ込み、沖縄、原発、水俣など、記録したいことは膨大にある。

　土本映画を継ぐ者、西山正啓監督である。

後藤孝典

被害者はただ存在するだけで訴えるものがある

ごとう・たかのり
弁護士。七四歳。「一株運動」を提唱。著書に『ドキュメント「水俣病事件」 沈黙と爆発』（集英社）がある。

43 年前の「一株運動」を振り返る後藤弁護士。H24. 9. 3　西新橋の法律事務所にて

14人のチッソ幹部が居並ぶなか、「異議あり！」「修正動議！」と手を振りかざしながら壇上をかけ上った後藤弁護士（左側）。S44. 11. 28　大阪厚生年金会館にて

「裁判」は制度が命じる定義された言葉をやりとりする場。被害者本人の闘争にはなりにくい。水俣病第一次訴訟が提訴（昭和四四（一九六九）年六月）され、何回かの公判が費やされたが〝眠くなるような〟退屈な裁判もあった。社長は出てこなくて代わりに被告代理人。患者たちは社長と直接話せる場を望んでいる――。この考え方が、いわゆる「一株運動」（一四〇〇人）となって展開される。

後藤弁護士は一九七〇年五月、水俣を初めて訪問している。「悲惨な患者たちはただ存在するだけで訴えるものがある」と代理人を必要としないことに気づかされる。七月の「東京・告発」の例会で初めて「一株運動」を提唱。すぐ水俣の患者三〇余人の前で、加害企業チッソの株を買うという〝逆転の発想〟で〝接近戦〟をやろうともちかけた。

一番反応したのが、みずからも病み、二人の娘を水俣病で奪われた（一人は死亡）田中義光さん（当時五八歳）。〝一言、社長に言いたい〟と彼は本気だったと弁護士は当時を振り返る。

第一次訴訟後の川本裁判など多くの水俣の訴訟にかかわってきた後藤弁護士（右）。
S47. 10. 25　熊本地裁にて

ちょうど長女誕生の頃で奥さんの晒《さら》しを借り、下に新聞紙も巻き、覚悟して壇上にかけ上ったという。「修正動議！」何度も手を振りかざしながら、社長の土下座も導き、一株運動はひとまず成果をおさめる。

翌年一〇月、環境庁が行政不服を認め、川本輝夫さんたち一三人が〝新認定〟され、チッソ本社内での直接交渉が始まる。それは一年七カ月に及ぶ長期闘争となった。川本さんたちのイメージする直接交渉にあの〝株主総会〟の会場で（川本さんも参加した）チッソ江頭社長に詰め寄った巡礼姿の浜本フミヲさんたちの姿があったかどうかいまは定かではない。

そのイメージとは、父と母の位牌を手に江頭社長に取りすがりながら泣き叫ぶ瞬間だ。それはまさに〝怨念〟がほとばしり出た光景だった。それまでは川本さんが訴訟派の前面に出ることは決してなかったが、この新認定一八人の自主交渉では初めて先頭に立ち、一年七カ月を闘い抜いた。

東京・水俣巡礼団一行 10 名は熊本駅に到着後、市内をデモ行進。多くの学生、市民に迎えられ、夜の歓迎集会の会場へ。翌日の第 5 回口頭弁論後、デモは自然に道いっぱいに広がるフランスデモに発展。まるで葬列のようだった。S45. 7. 10　熊本駅前にて

砂田明
砂田エミ子

海があって、山があって、その景色と風土に惹かれて

すなだ・あきら
元新劇役者、水俣巡礼団代表。六五歳で逝去。著書に『祖さまの郷里《おやさまのくに》「水俣から」』（講談社）がある。
すなだ・えみこ　八四歳。

夫の永年の夢だったという「乙女塚」は不知火海が見渡せる高台にある。夫人は毎朝、掃除を欠かさない。H24. 3

石牟礼道子さんの本を脚色した「劇・苦海浄土」の公演の一場面。S46. 4. 10

五五六回——。

これが砂田明さんが全国をカンパ活動しながら〝一人芝居〟を上演した回数である。

もう限界だった……、「死にそうだ」と夫人に漏らすこともあったという。

長時間、大きい声を張り上げ、踊り、動き廻る。本人は八〇歳までできると夫人には語っていたが……。私は上演後、肩で息をする砂田さんの姿を何度か目にしている。もともと肺が弱い人だったという。そして、ついに力尽きる。

海があって、山があって、水俣に来るたびにその風土に惹かれていった。石牟礼道子さんの『苦海浄土』にも一気に魅かれていった。

この「一人芝居」の前に二度の巡礼旅がある。一九七〇年六月二八日の「東京・告発」の結成後、万博の年に一〇人余の仲間とカンパ活動しながら水俣を目指し、六七万円余の浄財を集めている。二度目は苦海浄土を脚色し「劇・苦海浄土」をひっさげ、同じ仲間と新宿歌舞練場を皮切りに一一都市を勧進姿で巡礼公演、およそ四〇〇〇〇人の観客を動員している。

東京・水俣間をカンパ活動をしながらの巡礼で集まった浄財は67万3284円+2セント。
S44. 7. 9　熊本駅前にて

満を持して、エミ子夫人と義母トキさん（当時七一歳）とネコ一匹（トラ）と水俣に移住。子どもがいなかったから決断できたと当時語っていた。

百姓のマネごとをしながら、再び八年ぶりの芝居に取り組む。水俣病で死んだすべての生類を祀る「乙女塚」建立資金を得るための「一人芝居」。文字通りの「勧進興行」だ。この乙女塚建立は砂田さんの永年の夢でもあった。

自主交渉団の代表だった旧訴訟派の田上義春さんは自分はなにかに打ち込み、毎日それに励むこと、それが自分の最高の「リハビリ」だと体験上、信じていた。補償金をはたいて水俣市の南の端の斜面の土地を手に入れ、その一角を砂田さんは借り受けた。「農園」と「乙女塚」をつくり、それは「乙女塚農園」と名づけられた。二家族は自給自足の生活を始め「もうひとつのこの世」を目指した。

東京・丸の内のチッソ本社の抗議行動のあと、水俣に向け出発する巡礼団一行。右端が砂田明さん。この後、川崎、横浜、熱海に向かった。S45. 7. 3

川島宏知
白木喜一郎

「一人芝居」を継承する重みとおもしろさ

かわしま・こうち
元水俣病巡礼団。六六歳。
しらき・きいちろう
元水俣病巡礼団。六三歳。
二人で砂田明の「一人芝居」を継承。

川島さん（左）は石牟礼さんに、自分の田舎（高知の四万十川近く）言葉で自由に演れればいいと言われた。仮面劇にしようというのは最初からの砂田さんの発案。いま、一人芝居「天の魚」を演っていて、幸せを感じるという（右は白木さん）。H24. 9. 3　新宿にて

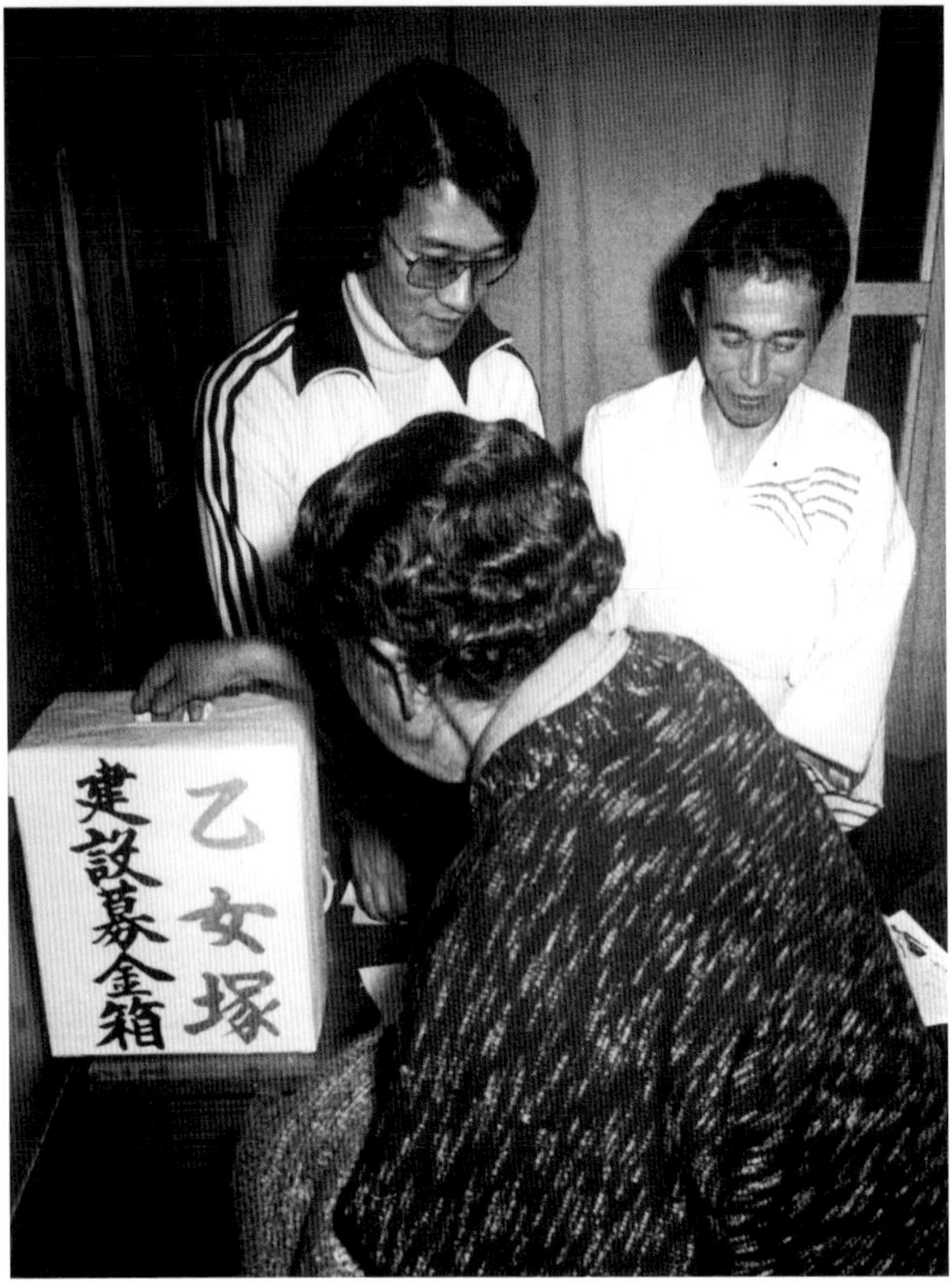

永年の夢、「乙女塚」の建立資金を集めるための「一人芝居」が福岡からスタート。このあと、全国を巡り、公演は556回を数えた（左側が川島さん）。
S55. 1. 6　水俣市湯堂青年クラブにて

二人は砂田明さんの「一人芝居」の継承者である。砂田さんの公演記録「五五六回」には及ばないが、三〇回の公演記録がある。

川島宏知さんは名前の通り高知出身。故郷の宿毛市では今度で三回目の公演。市民の水俣にたいする意識はモノめずらしさから、本質をみたいという意識に変化してきた。

こういった一人芝居後のアンケートがいつも励みになるという。ある日、東京・江戸川の公演で水俣の隣町で育ったという若い女性が「話したい」と入口で泣いている。大阪で勤めていたころ、「差別されて……」、いまは東京に出てきたという。もっとこのような芝居を広めてほしいと訴える。

川島さんは母を亡くしたころ「自分はなにをしているか？」と一人芝居をつづけることに悩んだという。もう一度『苦海浄土』を引っぱり出し、もし最初の感動が残っておれば「再び（一人芝居を）やろう」と思った。砂田さんは「覚悟」を決めて水俣に住んでいたが、自分には「荷が重い」と感じていた。作者石牟礼さん

「東京・水俣病を告発する会」結成大会のあと、「劇団三十人会」での交歓会。左から、石牟礼道子（立っている）、日吉フミコ、渡辺栄蔵訴訟派代表の肩をもむ白木さん。
S45. 6. 28　地球座での交流集会にて

には「自由にやってください」と言われていたので「自分の芝居をしよう！」と心に決める。

白木さんは熊本出身。二人とも、砂田さん主宰の「地球座」・舞台芸術学院の生徒だった。演劇青年だった。砂田さんは軍国少年だった。近松作品やギリシャ悲劇などを演じながら新劇の商業演劇にもの足らず、幻滅を感じていた。砂田さんは苦海浄土に出会い、魅せられ、劇・苦海浄土を脚色、「一人芝居」として地方から都会へ――と考えていた。表現することにたいしては砂田さんは実力者で誰よりも貪欲だったという。

一九七〇年代は、いろいろな表現がクロスオーバーしている時代だった。砂田さんにつく者と離れてゆく者、二手に分かれ、「地球座」は解散。砂田さん亡きあと、いまこうして二人が公演をつないでいる。

二人ともいまアルバイト生活。川島さんは二〇数種の転職。白木さんは五、六〇種の転職。

わたしもフリーのカメラマンとして、こういう生き方も有りかと思っている。

旧厚生省前に集まり、一任派低額補償の交渉を見守る全国から集まった支援者たち。このあと運動は大きく広がりを見せた。S45. 5. 25　旧厚生省前にて

岩瀬政夫

自分探しの旅は
巡礼とカンパ活動だった

いわせ・まさお
元水俣巡礼団、元定時制高校教師。六九歳。著書に『水俣巡礼——青春グラフティ'70〜'72』（現代書館）がある。

40年ぶりの再会だった。髪は白くなっていたが、「いい歳をとったな」と思った。
H24. 9. 4　川崎駅前にて

砂田明さん脚色の「劇・苦海浄土」で水俣病を病んだ「タコ」を熱演（手前、右側）。
S46. 4. 10　新宿にて

一九七〇年五月を機に、水俣病闘争は首都・東京が舞台になる。熊本につづき、自然発生的に「東京・水俣病を告発する会」が生まれ、砂田明さんが岩瀬さんら九人のメンバーを率いて水俣へ巡礼。六七万円余のカンパを集め、患者たちの大歓迎を受けている。

岩瀬さんは素人ながらその後、「劇・苦海浄土」にも参加し、小道具づくり、仮面づくりを経て、水俣病を病んだ「タコ役」をこなしながら巡礼している。

しかし、劇はあくまで水俣の実像を虚構に写しかえる。虚構に生きることに疑問を感じつつ、たった一人で三度目の「東北・北海道」の巡礼の旅に出る。

やるんだったら定時制高校の教員と決めていて、伊豆大島の定時制高校に赴任する前の二年間（立教大大学院時代）は迷いながら、休みなく巡礼とカンパ活動の繰り返しだった。それは水俣を知ってから、その熱い想いと自分の行く末への悩み、自分探しの旅でもあった。

この間のことは『水俣巡礼——青春グラフィ

熊本駅に到着した巡礼団は歓迎会のある交通センターまでデモ行進。中央が岩瀬さん。
S45. 7. 9

テイ'70〜'72』（現代書館）に詳しい。

この企画がもちあがり、私も一度は訪ねてみたかった伊豆大島。退職後の彼がどんな暮らしぶりなのか楽しみにしていたが、川崎での実家で彼の母が九四歳で「大往生」とのこと。今回は断念せざるを得なかった。

生まれ変わった川崎駅前で再会できた。とても「いい歳」をとっていた。髪は真っ白だが、人なつっこい笑顔、髪が黒ければ、四〇年前とまったく変わらない。どうすればこういう歳を重ねることができるのかと思った。

移住前の三三年前、巡礼で知り合った盛岡の女性と結ばれ、子ども四人、孫四人にも恵まれ、永年住んだかつて「公害の街」と言われていた川崎市を抜け出し、島暮らしの穏やかな表情。

奥さんがデイ・サービスの代表のため、午前中は六キロのジョギングのあと、掃除、洗濯、（天然酵母の）パン作り。午後はデイ・サービス（九人）の事務仕事。その他、畑を耕したり自然とのかかわりを大切にする毎日だという。

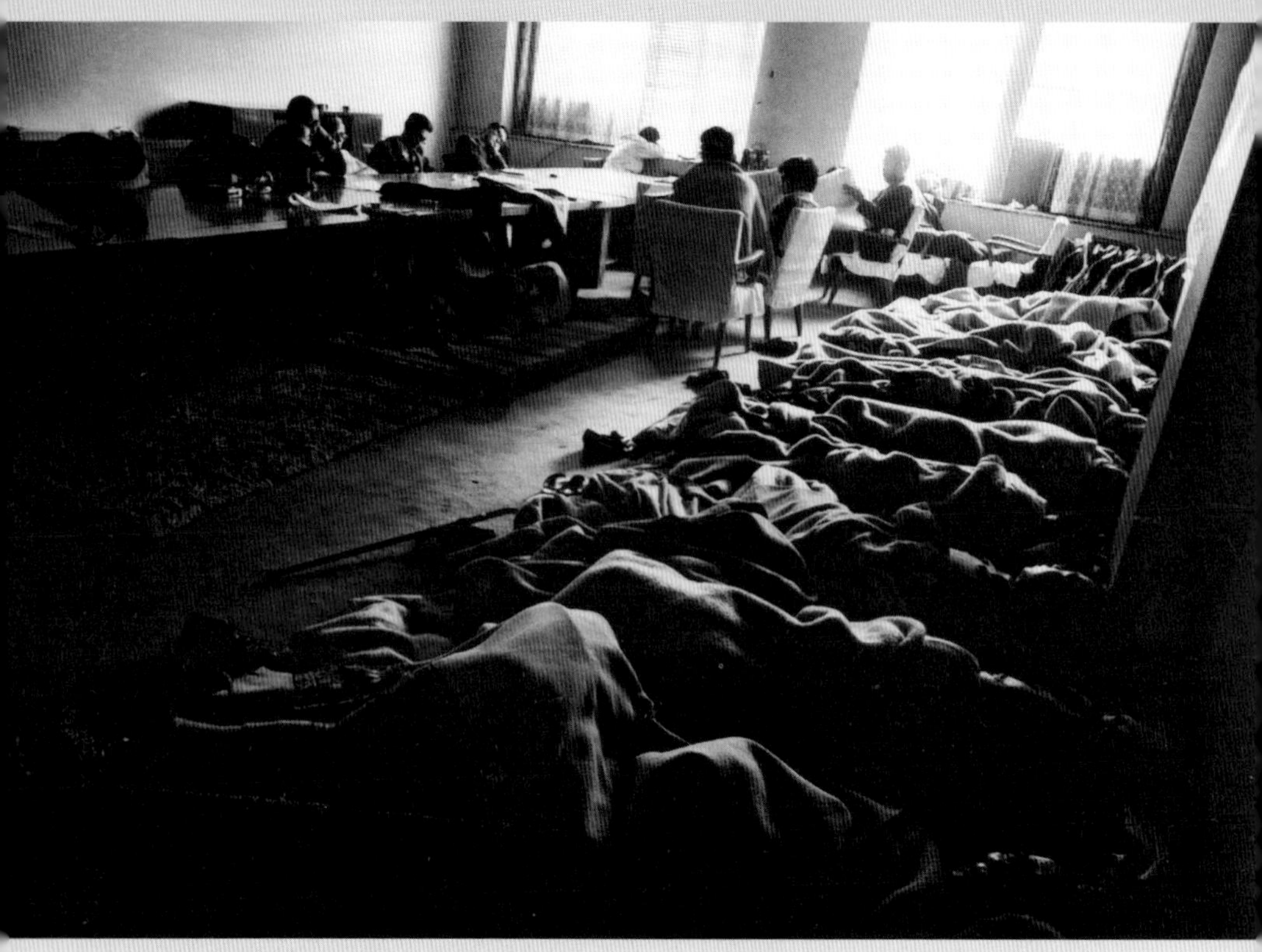

徹夜態勢で交渉に臨む患者・家族、支援者たち。奥は座ったまま眠り込むチッソの幹部たち。
座り込み長期化のさまが濃くなり、本社ビル４階は「解放区的気分」が高まってゆく。
S46. 11. 9

宇井純
宇井紀子

ネコ実験の細川ノートを発見。
宇井さんの人生が動いた

うい・じゅん
一九三二年環境学者、沖縄大学名誉教授。東京大学工学部応用化学科卒。二〇〇六年逝去（七四歳）。『公害の政治学　水俣病を追って』（三省堂新書）『公害原論』『公害自主講座十五年』（亜紀書房）『キミよ歩いて考えろ　ぼくの学問ができるまで』（ポプラ社）ほか多数。二〇〇二年、第一回アジア太平洋環境賞受賞。

うい・のりこ
書道家。七三歳。編著に『ある公害・環境学者の足取り　追悼宇井純に学ぶ』（亜紀書房）がある。

東京世田谷の自宅にて、紀子夫人（書道家）H24. 9. 3

第三者委員会の補償処理委員会で16人の仲間と座り込みをした宇井さん。
S45. 5. 25　旧厚生省５階にて

宇井純夫人、紀子編『追悼・宇井純に学ぶ』(亜紀書房)のなかに興味深い報告がある。桑原史成さん(写真家)による「歴史が動いた日」という宇井さんを偲ぶ発言集だ。桑原さんは私たち「水俣病」を写した写真家の先輩。昭和三五(一九六〇)年、私より八年早く水俣に入り撮っている。この八年の差は大きい。

宇井さんと同時期に水俣に入り、「安賃闘争」「ネコ実験(細川ノートの存在)」など、水俣病事件史で大切な節目に出会っている。

そのとき、私はまだ高校生、彼らが四国の大洲市の細川博士を訪ねている頃は、私は同じ高松市から大阪に就職しようとしていた。このとき「細川ノート」の存在を発見したのは大きい。一九六四年三月一日、オリンピックの年だった。

私は四年後の八月、初めて胎児性患者を撮っている。一九七〇年五月には旧厚生省における「一任派低額補償処理委員会」に抗議し座り込んだ一六人のうち一三人が座り込み、逮捕(のち不起訴)されている。そのなかの一人に宇井さんもいた。このあと、水俣病事件は大きく動

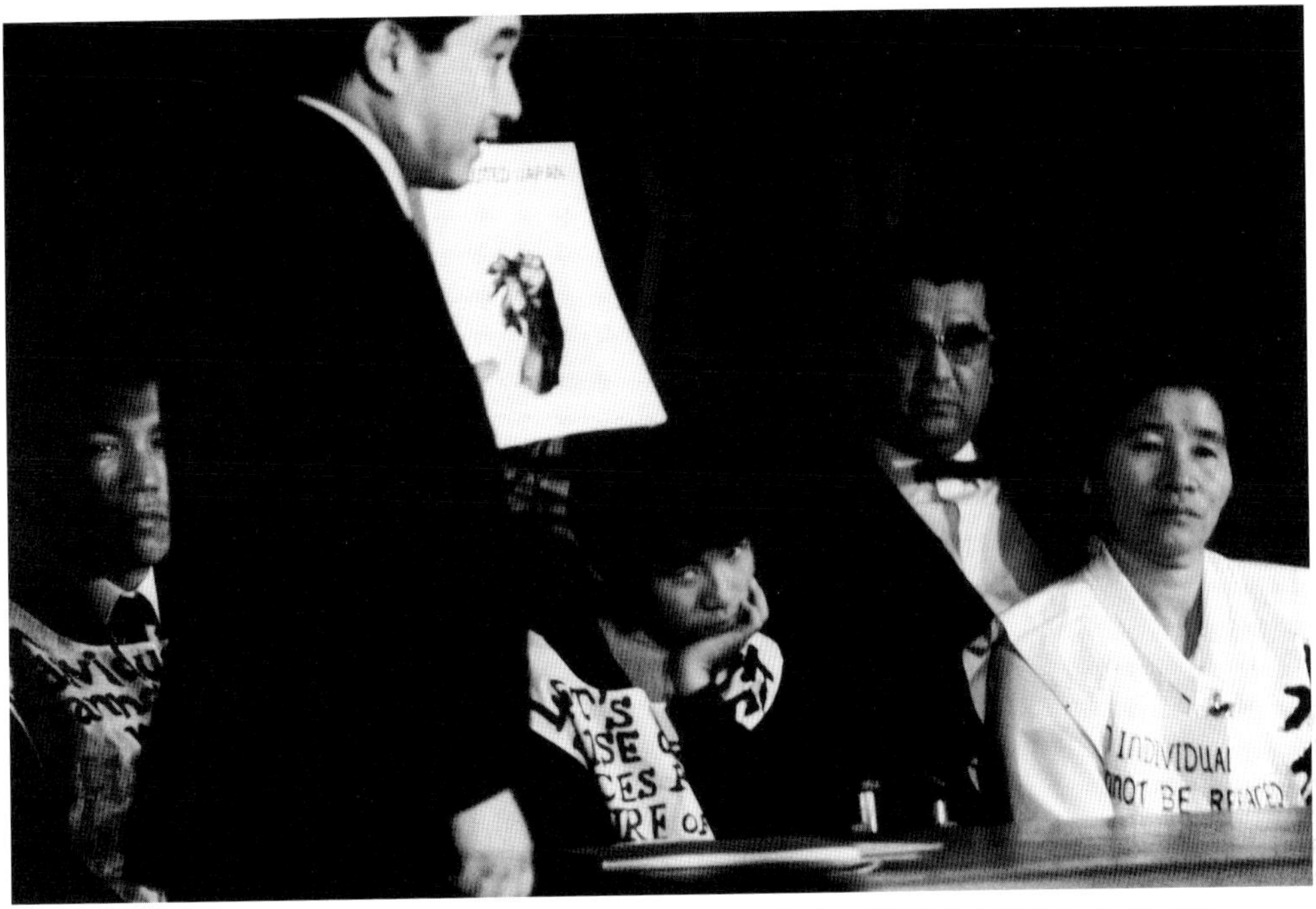

自主（NPO）人間環境会議に出席して、宇井純東大助手は「汚された日本」のパンフレットを手に記者会見。初めてカネミ油症、水俣病患者を目のあたりにして外国人記者は一瞬静まりかえった。S47. 6. 5　ストックホルム ABF ヒューゼットでの記者会見

き始める。

宇井さんが東大で〝自主講座〟を始めたのがその年の一〇月一二日。その翌日、細川一博士が死去、このとき、博士の分まで働こうと決意している。第二回の自主講座は人数が多くて大混乱。実行委員のメンバーは多種多様な人の集まりで、宇井さんはひとりの〝実験化学者〟なので組織恐怖症におちいる。

のちに夫人の話によると宇井さんは病気ばかりの人生だったという。マラリア、劇症肝炎、脳腫瘍、心臓バイパス手術、そんな身体で実に東大助手二一年（うち自主講座一五年）。〝執念の人生だった〟（夫人談）という。

亡くなる前、父と娘が話し合い、長女（美香さん）は東大理学部から編入試験を受け直し父の出た工学部に見事合格している。しばらくして父と娘はともにベトナムに行き、二人で水質調査をしている。こんな親孝行はない。

中央が映画「水俣」の高木プロデューサー。補償処理会場の旧厚生省に向けてデモ行進。このとき、すでに別働隊「座り込み」班が旧厚生省裏門に控えていた。
S45. 5. 25　日比谷公園にて

中村雄幸

水俣の人と同じ魚を食べ
生きるも死ぬも一緒……

なかむら・ゆうこう

元水俣病センター相思社職員、鮮魚商。六三歳。

水俣市丸島魚市場で魚の下ごしらえを行なう中村さん。早朝からの仕事で手がかじかんでくる。H24. 3. 14

センター相思社の基礎工事でスコップをふるう中村さん。私もツルハシを持って参加したが、ガツンと土の中の岩にはね返されて、手がしびれた感触はいまも忘れられない。
S48. 1. 9　センター相思社にて

この本のタイトル『水俣な人』にもっとも相応しい人はと問われればこの人、中村雄幸さんと答えたい。いつもニコニコ、黙って汗を流し、穏やかで、怒った顔を私は見たことがない。

二二年間（うち九年間は水俣の組合に入れてもらえず、鹿児島の阿久根で魚屋修業）。魚の行商で生計をたて、子ども一人を育てあげた。毎月一二万ほどの粗利で、雨の日、風の日、雪の日もコツコツと売り歩いている。いつも買ってくれるお客さん（山間部）が待っているからという。忍耐力とその律儀さにも感心する。水俣鮮魚小売組合長として二九人を束ねている。

彼に一度聞いてみた。

これだけの水俣病騒動のなかで魚を売り歩く〝行商〟に不安はなかったのか？

彼は「一蓮托生」だと答えた。水俣の人と同じ魚を食べ、生きるも死ぬも一緒だと——。笑顔で答えてくれた。

彼は新潟の山奥の一三戸しかない豪雪地帯（二メートル以上も積もるという）で育っている。雪のない水俣で冬場にほうれん草やタマネ

茂道の杉本家の「イリコ漁」を手伝う中村さん。この日の漁獲は不漁だったが楽しくて仕方がないという様子だった。このようにいつも笑顔が絶えない男だった。
S44. 8. 14　茂道湾にて

ギが畑で育っていることに感動したという。

海にあこがれて下関水産大学に入学するも、七〇年代の政治の季節を経験し、どう生きていけばよいのか悶々とした日々を過ごす。友人に誘われて行った水俣になぜか救われ、のめり込むことになる。

患者家庭の援農、援漁、センター相思社の立ち上げにも参加し、昭和五〇（一九七五）年には県議会議員の「ニセ患者」暴言事件で逮捕（患者二人、支援者二人）され、有罪判決（懲役八カ月、執行猶予二年）。それなりの辛酸をなめてきてもいる。でも、その笑顔はあくまでも穏やかである。

彼を見ているとなぜ水俣にこれほど多様な人びとが集ってきたのかわかるような気がする。この人の優しさは悲惨な水俣病を病んでいる患者たちの優しさと同類のものだと私は感じている。「水俣にきて救われた」という中村さんの心情が読みとれる。

坂本昭子

当時の夫の〝感性〟が好きだった

さかもと・あきこ
介護士。六一歳。

坂本さんは、まわりからみると押しつぶされそうな困難な状況下にあっても、私には信じられないような、明るい強き女性だということに気がついた。H24. 5. 1

夫・輝喜（右から二人目）の「感性が好きだった」と両親の反対を押し切って結婚。長期入院中（10 年余）の夫に替わって介護士として働きながら家庭を守っている。
S53. 9. 30　月浦・出月の自宅にて

五五ページで男性のもっとも「水俣な人」は中村雄幸さんをとりあげた。女性では坂本（旧姓原）昭子さんとしたい。長崎の医者の家庭から「勘当」されてまで水俣病患者家庭に嫁いだ。嫁として飛び込んだ水俣病の業を背負った家庭で四〇年。これは誰にでもできることではない。介護士として働きながら四人の子どもと孫二人を育てながら、入院中の夫を守って忙しい日々を送っている。ご主人・輝喜さんは両親（漁師）も水俣病で、キラキラ輝いていた当時の輝喜さんの「感性」が好きだったと昭子さん。

日本女子大時代、先輩に連れられ、チッソ本社の自主交渉で座り込みをしていたテントの「炊き出し」を手伝ったのが水俣との縁だった。

当時の日本はいろいろな問題を抱えていたが、ほかの運動はハダに合わない。水俣にはなぜか入っていけたという。九州の田舎であの「ジイ・さんバアさん」ががんばっていると思うとじっとしておれなかった。夏休みなどを利用しての水俣通い。訴訟派二九世帯（当時）は皆、魅力的だった。人間ってこんなにおもしろいのかと、

まだ結婚する前、若い胎児性患者とともに山あいの湯鶴温泉へ。左端が坂本（旧姓原）さん、右から３人目が輝喜さん。S46. 10. 15

一人一人に惹かれていった。

結婚後の夫は複雑な「水俣病患者家庭」に育ったというトラウマを少しずつ背負って膨らませていた。精神分裂症、躁うつ病、機能障害が進み、一〇年以上の入院暮らし。結局、「小児期発生水俣病」と診断されている。

反対を押し切って結婚を決めたのは訴訟派のなかでも、困難な状況下で闘っている両親ともども、好きだったということもあった。子ども（双子）が生まれたとき、じっと孫の顔を見つめていた義父の優しげな笑顔が忘れられない。漁そのものは器用ではなかったが海に出るのが好きだった夫婦。その後、義父は好きだった海の事故で命をおとす。七八歳だった。夫と何度か別れ話も出たが、そのたび義父の悲しそうな顔が忘れられない。夫の二階からの転落事故や義父母のあいついだ死去のなかでも、いつも「ボランティアたい」と笑いとばす強い自分がいた。

富樫貞夫

胎児性患者と出会い、のめり込んだ

とがし・さだお
元熊本大学教授（三七年間）、元熊本学園大学教授（五年間）、熊本学園大名誉教授。七九歳。

熊本大学でおよそ100人の学生・社会人の前で、退官して何年ぶりかの講義をする富樫さん。題して「水俣病の最終解決とは何か」。久しぶりで「緊張した」という。H24. 10. 20　熊本大学法文館にて

悩み抜いた末、「安全を確認しない廃水を流したチッソに過失あり」という新しい過失論をつくった。昭和46年9月の新潟の判決はこの過失論をそっくり認める判例を出した。富樫先生は嬉しかったという。H24. 6. 20　市内の自宅書斎にて

胎児性水俣病患者・上村智子さん（当時一七歳）との強烈な出会いが富樫先生が水俣にのめり込むきっかけとなる。

当時の熊大助教授時代の大学紛争で心身ともに疲れはてていた先生は智子さんに出会い、〝見てしまった〟以上、目をそむけてはならない、逃げてはならないと思ったという。手足が不自然に硬直し、母親が話しかけると微笑するだけの表情。両親は一七年間休みなく抱きつづけ、家族ぐるみで介抱していた。この一家のためにも闘おうと決意する。

裁判は当時の第一次訴訟が行き詰まった状態で、このままでは裁判は勝てない状況だった。理論面で支援する「水俣病研究会」が発足し、本田告発代表にふたつの条件を出し参加する。ひとつは大学紛争で疲れ切っていたため一年間だけの約束。そしてもうひとつは、もっと専門家も加わった会にすること。医学、工学、法律、社会学などの専門家のほかに多くの市民も参加した。ここに理論家集団が立ち上がった。

いちばんの争点は「因果関係論」と「過失論

チッソ工場前で、新認定患者 18 家族を激励する集会のあと水俣市内をデモ行進。この日およそ 500 人が集まった。デモの先頭に立つ、左より、本田啓吉告発代表、渡辺栄蔵訴訟派代表、日吉フミコ市民会議会長、富樫さん（当時、助教授）。S46. 11. 14

（企業責任論）」。とくに過失論が問題だった。チッソは患者発生時においては予見可能性がなかったと主張。しかし、ふつう薬物の使用は無害が証明されないかぎり使用できない。それが有害であると科学的に証明されない以上使ってよいということは「人体実験」そのものである。知らなかったではすまされない。昭和四五（一九七〇）年三月には「理論武装」ができあがり、八月には『水俣病に対する企業の責任』として出版される。

多くの問題を抱えたまま政府の最終解決がはかられようとしている現在、富樫先生の熊大での久しぶりの講義はまさにそれだった。これはあくまで政府解決策であり、短い申請期間、潜在患者数の誤認、そして〝紛争解決〟を〝最終解決〟としている錯誤を指摘する講義だった。

私にとって初めての熊大、学生になった気分で講義に集中することができた。

水俣病に終わりはない。

第一次訴訟“勝利”のこの日、誰も“勝った”と叫ぶ者はいなかった。誰もが裁判に勝っても「水俣は終わらない」ことを知っているから。患者、支援者らは明日から始まるチッソ東京本社交渉に思いをはせていた。S48. 3. 20　判決の日の熊本地裁前にて

有馬澄雄

細川一博士の精神構造に魅せられて

ありま・すみお
有馬鍼灸治療院院長。六六歳。編著に『水俣病――20年の研究と今日の課題』（青林舎）『水俣病にたいする企業の責任――チッソの不法行為』（水俣病研究会編、熊本学園大学水俣学研究センター）がある。

祖父から三代にわたって鍼灸院を営む。その合間をぬって水俣病研究に打ち込んでいる。彼がまだ熊大生のころからの知り合いで、同世代ということでよく話が合った。
H24. 10. 18　市内の有馬鍼灸院にて

熊本地裁の場所取りのため、徹夜で座り込んだ。判決前の熊本地裁玄関前にて熊大生時代の有馬さん（中央）。S48. 3. 19

第一次訴訟判決後、チッソ本社での患者とチッソの交渉が暗礁に乗り上げている最中に有馬さんは水俣病を発見し、チッソ社内でその原因究明していた細川博士の無念さを思いやっていたという。チッソと患者のあいだにある乗り越えがたい溝が、細川博士とチッソとのあいだにあった確執と重なってくるのだった。

昭和四六（一九七一）年四月二〇日、有馬さんは宇井さんとともに初めて四国・大洲市の細川夫人を訪ねる。昭和四八年の九月二九日には判決を勝ち取った三人の訴訟派患者とともに細川博士の墓前に勝訴したことを報告している。

第一訴訟に証人として病床で証言した細川博士。チッソ工場内で行なった「ネコ四〇〇号実験」は水俣病の原因となった工場廃水でネコを発症させることに成功したことを。「もし証言できなかったら、死んでも死に切れなかったと思う……」と夫人は回想する。

汚染源をチッソ社内で研究するという悪条件のなかで、のちに「歴史に特記される業績」と評価された研究内容は公表されず、新潟で第二

「不知火海総合学術調査団」の海上調査で色川団長らの案内をする有馬さん（右）。後方は川本輝夫さん。S51. 4. 3

の水俣病が発生した。一カ月後、宇井さんの要請に応え細川博士は現地・新潟に出向き、自分の目でそれを確かめようとしている。

たった一例の「ネコ発症」でも発表した方がよかったのでは……、第二の水俣病は防げたのでは……。細川博士の苦悩は辞職後もつづいた。

それにしても、肺ガンを病み、死の三カ月前の臨床尋問。永年、病院長として籍を置いた会社の不利益を証言しなければならない心情はいかばかりか、私には想像もつかない。

かなり早い時期に工場廃水を疑い、会社の協力で行なった「ネコ実験」で水俣病の発症を立証し、廃水口を水俣川河口に変更した会社に「人体実験になりますよ」と警告するも「無視」される。

細川博士の「精神構造」をかいま見せた有馬さんの細川博士研究の仕事に感謝したい。

細川一博士逝去（六九歳）、合掌。

松尾蕙虹

水俣の裁判に勇気づけられて……

まつお・けいこう
Co中毒患者家族。八一歳。

81歳になった蕙虹さん。26年の裁判を闘い終えて、いま、おだやかに感慨にふける日々をおくる。
H24. 7. 31　大牟田市にて

三井鉱山の広大な社宅群。石炭から石油への転換期に多くの人の悲喜こもごもの生活が営まれていた。いまは民間の住宅街に変わっている。S51. 3. 18

大牟田市の三井三池炭鉱が爆発したのは昭和三八（一九六三）年一一月九日午後三時一二分。死者四五八人、Co（一酸化炭素中毒）患者八三九人。安全性よりも経済優先が事故の背景にあった。

水俣病はチッソの石油化学への転換期に起きた。三井三池炭坑は当時の出炭量が年間二億八〇〇〇トン、石炭から石油へのエネルギーの転換期を迎えていた。

四五八人も殺しておいて〝刑事責任〟は問われず不起訴。蕙虹さんは夫・修さんの無念を晴らそうと、たった二家族で三井三池炭鉱を相手に〝民事訴訟〟を起こす。なにか「生きててよかった」と思えることをしたかったという。水俣の第一次訴訟提訴の裁判ニュースをみて勇気づけられている。

「必ず医学論争になる」とも思い、熊本の原田医師をアポなしで訪ねている。「本人が来たから嫌とは言えなかった」と原田医師は当時を振り返る。毎月、水俣の裁判を傍聴。水俣の判決は三年九カ月で勝訴したがCo中毒訴訟は最高裁

夫・松尾修さん（右）は「人間は裏切っても盆栽は裏切らない」と200鉢余の盆栽を育てていた。S51. 3. 18　三井鉱山社宅にて

まで実に二六年。しかも家族の苦労はまったく考慮されず、補償は認められなかった。夫の補償はたった一七〇万円のみ。

いま、蕙虹さんは振り返る。結婚して元気だったのはたった八年間。労災が打ち切られ、収入の道がなくなりパートに出て苦しい生活をおくる。「人間は裏切っても盆栽は裏切らない」と夫は盆栽を育てるだけの日々。昼間はおとなしいが、夜になると坑内の暗さが甦ってくるのか、子どものように一人では寝られない。Co中毒がそうさせるとわかっていても妻娘（二人）への暴力に逃げまわる。見た目はなんともないが、一瞬で気分が変わり、「いま、オレを笑った」と暴力をふるい子どもたちを追いかけまわすのだ。娘二人はえすかバイ（恐い恐い）といつも外に逃げ出す生活だった。

しかし、いまは患者家族会（三池主婦会）三二〇名のなかでたった二家族での裁判を闘ったことの誇りを胸に生きている。これも厳しく育てられた明治生まれの父のおかげで二六年の裁判を闘えたと感謝している。

結審後、チッソ土屋総務部長（当時）につめよる浜本フミヨさん。3年余に及ぶ裁判でこのようにチッソ社員に向かって怒りをぶつけることは少なかった。
S47. 10. 14　熊本地裁前にて

A・カーター

あの通訳ぶりは忘れることができない

A・カーター
牧師、通訳ボランティア。

日本大使館へのデモ行進の途中で、浜元二徳さんと。
S47. 6. 7

モスクワでのバスの中。いざ、ストックホルムへ。中央は土本典昭監督。S47. 6. 4

　この人だけはどうしても「行方」を探し出すことはできなかった。一〇〇〇人の読者がいる「東京・告発」の好意で捜索記事を誌面に載せてもらっても、個人的に宇井夫人・紀子さんに教えられて、ストックホルムに同行した綿貫礼子さん（平成一二〔二〇〇〇〕年一月に亡くなられていた）におうかがいしても。万策尽きて、私は「勝手に」掲載することを決めた。あのストックホルムでの〝情熱的な〟通訳ぶりを忘れることはできなかったからだ。もし健在であればお許し願いたい。

　国連人間環境会議で民間人ボランティアとして、日本側の通訳として参加したA・カーターさん。言葉を交わすことは少なかったが、四〇年経ったいまもなぜか忘れられない。

　一九七二年六月五日、世界じゅうの記者団が集った「民間人フォーラム（ABFフューゼット）」での記者会見場で、坂本フジエさん母娘、浜元二徳さん、カネ油症患者（二人）らの通訳を務めたカーターさん。浜元さんのトツトツとした水俣弁の言葉と彼の激しい舌鋒とのや

見事な通訳ぶりだった。顔を真っ赤にして通訳するさまをいまも忘れることができない。ぜひ再会して、当時を語りたかった。（右奥がカーターさん）S47. 6. 5　NPO 民間フォーラムでの記者会見場にて

りとりは「静と動」となって会場をゆさぶった。フジエさんもカーターさんの顔を真っ赤にした通訳ぶりに次第に乗せられ、お互いの心の高ぶりはその極みに達していた。英語特有の強弱のアクセントが会場内の人びとを突き刺すさまが伝わってくる。痛いばかりの拍手が響いた。

私にとっても、坂本さん母娘、浜元さん、宇井さん、誰にとっても「一大決心」をしてのスウェーデン入りだった。とくに宇井さんは現地でなにをすればいいのか、なにが起こるのか不安だらけの「手探り状態」だったという。そこでの最初の記者会見は大成功で大きな〝勇気〟を与えられるものだった。患者の姿とともに世界中に知れ渡った記者会見（通訳ぶり）だった。翌日の日本大使館までの三キロ余のデモ行進は疲れはしたが、通りすがりのストックホルム市民の温かい眼差しはみんな嬉しかったという。

同行した宇井さんも原田医師も鬼籍に入ったいま、カーターさんはご健在であることを願うばかりだ。いま、ご存命であれば、たぶん八〇歳前後だと思う。

アイリーン・美緒子・スミス

「水俣が好きになりそうだ」とアイリーンさんに呟いた

アイリーン・みおこ・スミス
グリーン・アクション代表。写真家ユージン・スミス元夫人。六三歳。ユージン・スミスとの共著として『写真集・水俣 MINAMATA』（日本語版、三一書房）がある。

カナダ先住民の居留地ホワイトドッグにて。半分日本人のアイリーンさんは着物姿がよく似合っている。
S50. 8. 9

初めて訪ねた患者家庭で田中実子さんと手を取り合うユージンさん。この間、アイリーンさんはずっと嫉妬していたという。S46. 9. 13

一週間の水俣での「下宿探し」の旅を終え、東京に帰ったユージンさんは「水俣が好きになりそうだ」とアイリーンさんに呟いた。そしてこうも言った。「私は水俣に愛する人ができた」と。泣きながら話したという。

これは私が四一年前の「アサヒグラフ」(現在廃刊)に書いた記事である。「愛する人」とは上の写真のように手を握り合っているユージンさんと田中実子さん(当時一八歳)のカットである。初めて案内した患者の家で一時間余手をとり合っている光景、おそらく両親であれ兄姉であれ、誰も創り出せない光景であろう。私はすっかりにユージン・スミスさんが好きになり、ファンになった記憶がある。

このとき、ユージンさんは患者を初めて撮影している。右手にカメラを持ち、左手で実子さんの手をとり、私もそのカットを撮ることができた。二歳一一カ月で発症し、オムツをして、話すことも(自分で)食べることも、(一人で)立つこともできない一八歳の少女。ユージンさんは彼女を撮った写真はすべて「失敗作であ

早朝の湯堂港で船を待つ二人。少々お疲れの様子だ。下宿先を決め、一度東京に帰らねばならない。3、4カ月の予定だった水俣滞在は3年余におよんだ。
S46. 9. 14

る」とのちに語っている。ユージンさんの大きな温かい手は〝宝物〟だったのだろうか？　いつまでもその手を離そうとしなかった。

この後、彼らは「風呂に入る母娘像」（上村母娘）を撮っている。当時、世界じゅうに水俣病を知らしめる写真となっていったが、いま、アイリーンさんの〝判断〟で家族に写真を「お返ししたい」と「封印」（写真を使えない）される。二度と公開しないと約束した。この写真に頼らずに反公害を訴えてゆくというアイリーンさんの決意を私もしっかりと受けとめたい。

ユージンさんの死後（昭和五三（一九七八）年一〇月一五日）、アイリーンさんはアメリカのスリーマイル島原発事故（昭和五四年三月二八日）の現地取材をきっかけに一貫して脱原発を訴えかけてきた。福島の原発事故のさいは休養でアメリカにいたが、テレビ映像を見ながら、いまから何十年も苦しみが始まる……かつての水俣がそうであったように――と思ったという。

本田啓吉
本田陽子

私たちは水俣でなにをすればよいか？

ほんだ・けいきち
元高校教師、元熊本・水俣病を告発する会代表。八一歳で逝去。
ほんだ・ようこ　八二歳。

仏壇の前の陽子夫人。この家は毎月の裁判支援ニュース「告発」の発行所でもあった。そのため夫人のご苦労ははかりしれなかったと思う。H24. 4. 15

マイクを握り、いつもデモの先頭に立っていた。熊本市内をデモ行進する本田さん。
S45. 5. 20

水俣病の運動が大きく動き出したのは昭和四四年から。それ以前は〝空白の一〇年〟といわれていた。まず、石牟礼道子さんが『苦海浄土』を刊行（一月）。水俣病患者互助会が一任派と訴訟派に分裂（三月）。このとき、数人の仲間と初めて水俣を訪問した高校教師、本田さんは「私たちは水俣でなにをすればよいか？」と問い「水俣病を世間に伝えてほしい」と言われる。

すぐに「水俣病を告発する会」が誕生し、裁判支援ニュース「告発」が刊行される。初版三〇〇〇部、全国に「告発する会」が生まれ、最終的には二九団体、一九〇〇〇部となった。

「告発」の精神は「義によって助太刀いたす」。これはいまも語り草となっている。本田先生は〝義の人〟であった。「高校教師」と聞くだけで近寄りがたく、私には恐れ多い人だった。個人的にはあまり話す機会はなかったが、ある日、「告発」に載せる私の写真をみて「いつも、ありがとう」と笑顔で言ってくださったことが嬉しかった。

ある暑い夏の日の水俣病互助会の患者総会（29 世帯）は和やかに進んだ（右から二人目が本田さん）。水俣を訪問することは少なかったが、いつも「心眼の目」で患者たちを見ていたという。
S45. 8. 20

水俣に居ついてコツコツ写真を撮っていた頃、毎月送られてくる「告発」は貴重な資料にもなったし、心強かった。月に一度の熊本の裁判所通いも、先生以下大勢の告発のメンバーが迎えてくれた。その後のデモもいつも先頭に立ち、カンパ活動にも励んでいた。

三〇年余の高校教師、組合活動、授業のやり・・くりをしながら「告発代表」としての重責の日々。これらの重圧が退職後、晩年の入院（アルツハイマー病）生活を余儀なくされたのではと思うのは私だけだろうか？

しかし、陽子夫人の手厚い介護による一〇年余の穏やかな入院生活は神が与えた安息の日々ではなかったかと思う。

先生の家の前を通るたび、お孫さんの手を引いてニコニコと幼稚園に登園している先生の姿をよくみかけた。車を降りて一枚でも写真を撮っておけばと後悔している。

江頭社長は患者・家族の声を無視しつづけたため、会場は大混乱。この直後「総会終了」の垂幕が下がり、患者、支援者たちは一斉に舞台に駆け上る。「親を返せ！」と肉親の位牌を江頭社長の胸につきつけ、土下座をさせたあと、静かに患者たちは壇上をあとにした。後方は呆然と見守るチッソ社員たち。S45. 11. 28　大阪厚生年金会館にて

正岡恵子

いつももがき、なにかをやりたいと追い求めていた

まさおか・けいこ

区立保育園園長。旧姓西橋。六一歳。

40年ぶりにかつてのクラスメートとともに水前寺公園に集ってくれた正岡さん（右から二人目）。H24. 7. 27

熊本下通り商店街でカンパ活動をする高校２年生の正岡（旧姓西橋）さん。
S44. 夏

この本を企画し五万カットのネガを時間をかけて見直しているとき、本田先生のネガのなかにカンパ活動をするセーラー服姿の女子学生を発見した。写真を引き伸ばし（本田）陽子夫人に見せると、先生の勤める第一高校の生徒であり教え子だろうということになった。本田先生の「教え子」ならば水俣病に関心をもつのも〝さもありなん〟と思いつつ居所を調べてもらうがわからなかった。最後に第一高校〝同窓会〟に頼ると幸運にもいま、東京に住む正岡恵子さんと判明した。

会ってみると先生から直接授業を受けたことはなかったが、新聞、テレビではよく見かけたという。ニュースで東京に行っているのがわかると「明日の（国語）授業は休み」と生徒たちは喜んでいた。すると翌朝、先生はしっかりと授業に顔を出していたと友人から漏れ聞いた。授業に穴を空けることはなかったという。

正岡さんと水俣の接点は小六から中三まで水俣に住んだこと。腕を骨折したとき、胎児性患者もいる湯の児リハビリセンターに入院。彼ら

第三回口頭弁論を前にしての集会とデモ。授業を抜け出して集会や裁判に行くこともあった(右から二人目が正岡さん)。S45. 6. 14　熊本市内の花畑公園にて

の姿をいつも遠くから見ていたという。思春期の少女の目を通して周囲の〝差別〟や〝理不尽〟な姿を垣間見ることになる。四年間の思い出は忘れられない。

第一高校では新聞部。高二で七〇年安保を経験。第一共闘会議（歴史研究会）をつくり、大学生とも共闘していた。

いつももがきながら、なにかをやりたいと追い求め、授業をさぼって水俣の裁判やカンパ活動に出向いたのもこのころだった。そのとき、本田先生はなにも言わず、大人で存在感があった。

教師（本田啓吉さん）の生き方が教え子（正岡恵子さん）に与えた影響を考えるとき、それは正岡さんという女性に会い、その生き方を知ることで納得できるであろう。区立の保育園園長をしながら、ご主人・幸久さんと「墨田下町のつどい」と銘うって著名人を招き、ボランティア活動（勉強会）を永年つづけている。

岡本達明

チッソの労働者にたいする仕打ちと患者にたいする仕打ちは同じだ

おかもと・たつあき

一九三五年東京生まれ。元チッソ第一組合委員長、民衆史研究家。東京大学法学部卒業後、チッソ株式会社入社。九〇年チッソ退社。水俣病市民会議会員。『近代民衆の記録7　漁民』（新人物往来社）、『聞書水俣民衆史』（共編、草風館）と『水俣病の科学』（共著、日本評論社）にて毎日出版文化賞受賞。

現在、清瀬市でライフワーク「民衆における近代・現代史」の執筆に取り組んでいる。
H24. 9. 4　清瀬市にて

同じ水銀被害を受けたカナダ先住民５人が「水俣を見たい」と来水。チッソ水俣工場を案内する岡本さん（右から２人目）。S50. 7. 20　チッソ工場前にて

東大法学部を卒業し、新日本窒素ＫＫ（現チッソ）に入社。前年の昭和三一（一九五六）年五月一日は水俣病の「公式確認」の日。いわばチッソ水俣病の歴史とともに生きてきた。

日本の敗戦時は一〇歳。教師が土下座して生徒に謝ったことが記憶に残る。大学に行くころ「これから日本はどうなってゆくのか？」と考え、チッソに行きたかったわけではないが工場に行って、現場（底辺）を知りたかったという。東京から水俣はとてつもなく遠く、そのころ、水俣をまだミズマタと呼んでいた。

以降、退職まで三三年間、一〇年の委員長時代を含めて、組合専従としてチッソと闘いつづけてきた。

昭和三七年四月からの九カ月にも及ぶ「安賃闘争（実は賃金カットに名を借りた人員整理）」をきっかけに労働者が闘い始めた。昭和四三年八月、労働者への仕打ちと水俣病患者への仕打ちは同じとして「一五年間（患者にたいして）なにもしてこなかった」ことを恥じる「恥宣言」、提訴のあとの第一次訴訟の勝利判決（昭和

「安賃闘争 10 周年」記念集会に組合員・患者・家族を招き、ともに闘うことを決めた。
S47. 4　水俣市体育館にて

四八年三月二〇日）、水俣工場のスクラップ化（首切り）との闘いなど、苦難の日々が蘇ってくる。

委員長時代の四〇歳のとき、「脊髄炎」に罹り一年半の入院生活。いまも後遺症が残る。大卒者としてたった一人「第一組合」に残り、福岡営業所に「労組」を組織した。「水俣病は終わった」と思っていた水俣に帰ったのは昭和三九年。以後一〇年間、委員長をつづける。

自分の最大の教師は〝組合員（労働者）〟と言い切る。苦労して働いた人は信用できるというのが持論。それは戦後の原体験、上の人（学者やチッソ幹部も含めて）は信用できないという。

現在、「病院の街」と呼ばれている東京郊外の静かな清瀬市に住んで二五年。社会の底辺を知るためライフワークの「民衆にとっての日本の近・現代史」に取り組む日々を送っている。

一任派にたいする低額補償反対の抗議集会や犠牲者慰霊祭も開かれたチッソ水俣工場前。全国で初となったチッソ第一組合員（800 人）による 8 時間の「公害スト」。チッソ第一組合委員長は「きっと仇をとります」と遺影に語りかけた。S45. 5. 27 チッソ水俣工場前にて

山下善寛

あのとき、もう少し勇気があったなら……

やました・よしひろ
元チッソ第一組合委員長。七三歳。

誰からも親しまれている山下さん。彼は勉強家でもあり、裁判・講習会などいつも顔を出している。そして、疑問点を積極的に質問し、質《ただ》すのもいつも山下さんだった。
H24. 10. 20

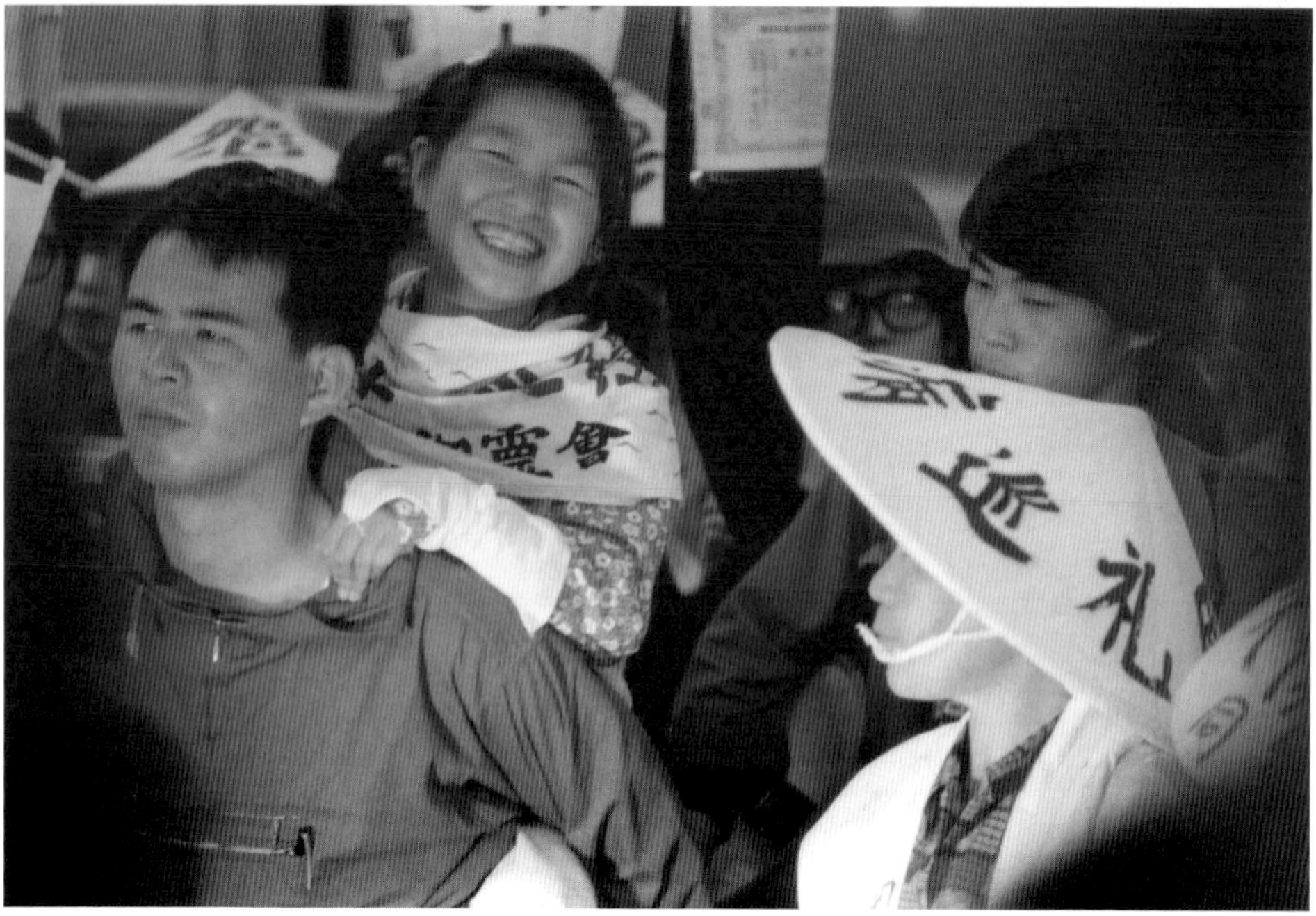

文字通り「水俣病を背負って」とつねづね言っていた山下さん。田中実子さん（18歳）を背負ってこの日は大阪のチッソ株式総会へ。江頭社長に実子さんを抱かすことはできなかったが、水俣病の恐ろしさを直接みてもらうことはできたと言う両親だった。S46. 5. 26　大阪年金会館前にて

「かんちゃん」とも「ぜんかんさん」とも呼べなくて、いつも私は「山下さん」と呼んでいた。人生の先輩であり、チッソの委員長を一二年。とても「かんちゃん」なんて呼べなかった。

あの東大助手の宇井純さんさえもチッソに入りたかったけれど入れなかったというチッソ。入社は昭和五六（一九八一）年五月。水俣病公式確認の年だった。チッソの水俣病の歴史とともに生きてきた。

チッソの社内研究室で世間の有機水銀説に反論するため、ネコのエサ作りや水銀の分析をやらされた。昭和三六年末のある日、同僚から水銀入りの廃水を見せられる。ショックだったが誰にも言えない。もらせば即クビだった。

昭和三七年四月から九カ月つづいた「安賃闘争」。労働者がチッソにものが言えるようになった、「水俣の夜明け」的存在の闘いだった。運動にのめりこんでいった。あのとき（水銀を見せられたとき）も自分にもう少し勇気があったなら……。被害は少しでもくい止められたのではないか……という苦い思い。

東京からの巡礼団を迎えての交流会でチッソの水銀中毒の「寸劇」を演じる自治労のメンバーたち。中央、マイクを握っているのが山下さん。左から３人目にチッソ労働者花田俊雄さんの姿も。S45. 7. 9　交通センターホテルにて

やがて組合は水俣病患者にも目を向けるようになり、昭和四三年、政府認定の年、「なにもしてこなかったことを恥として水俣病と闘う」と「恥宣言」をする。裁判の証人にも立ち、患者支援の前面に立った。しかし、会社の切り崩しは執拗で三六〇〇人いた組合員は七〇〇人（うち第一組合は九八人）七年前には最後の二人が退職、組合は解散した。

岡本委員長のあとを受けて委員長になったころがちょうど水俣工場スクラップ化の時期だった。かつての酢酸工場跡にはＩＣ生産工場ができた。会社は水俣病で存続が困難と言いながら、皮肉にも水俣病があるから存続しているという〝現実〟がある。県債で金融機関から融資を引き出している。

チッソは簡単には潰させない。水俣は風光明媚で人情味あふれる土地柄《がら》。かつて重症の患者、田中実子さんを背負ってチッソの株主総会（大阪）に乗り込んだように、一生、水俣病を背負って生きていくことを決めている。

花田俊雄

水俣病患者とともに闘い得なかったことを〝恥〟とする

はなだ・としお
元チッソ第一組合員、元水俣病市民会議会員。七五歳で逝去。

水俣市を見下ろす小高い丘に立つと「チッソの城下町」であることがわかる。水銀のタレ流しだけでなく、チッソ工場はあたりかまわず異臭と煙を吐き出していた。10分もいると気分が悪くなっている。当時は水銀だけでなく煤煙の被害も大きかった。
S45. 6. 14

「旧労」とは花田さんの属する「第一組合」、「大阪・名古屋・札幌」とあるのはチッソの工場所在地のこと。「水俣の人を殺した会社こそ、この水俣を去れ」と花田さんはつぶやいた。このように市内各所に看板、ビラが入り乱れ、チッソは市民間の対立もあおった。
S45. 7. 27　水俣市内にて

花田さんは親子二代のチッソの労働者である。父親は硫安工場で片足をもぎ取られ、兄やん（長男）はこき使われ肺病で死亡、三番目の兄やんは朝鮮興南工場で三〇メートルの高所から落ち「頭蓋骨骨折」で重症、九死に一生を得る。四番目の兄やんは興南工場に移動し、終戦でシベリアへ送られ、白血病で死亡。次男が花田俊雄さん。職はボイラーの運転士、しかし、チッソの死神は花田さんにもとりついた。ボイラーの空気孔から多量の一酸化炭素、亜硫酸ガスが吹き出す。これらの有毒ガスと高熱重労働が花田さんを「肺病」に。

入院した花田さんは六回にもわたる手術（肋骨を六本とる）と四年間の闘病に耐え、チッソの死神から生還する。

当時、四九歳、みずからの屈辱をいかに生かしきるかである。昭和四三（一九六八）年八月三〇日は、チッソ第一組合にとって忘れ得ぬ日である。この日初めて水俣病患者の側にたち、人間として労働者として「水俣病とともに闘い得なかったことを〝恥ずかしい〟こととして、患

左上に夫婦揃っての若かりしころの写真が。花田さんの長男一人でこの家を守っている。花田さんはこの家で現地出張尋問の前に患者たちの詳細な「供述録取書」を作成している。
H24. 5. 1

者支援に全力をあげることを決議した。いわゆる「恥宣言」である（まだ分裂前の組合から水俣病患者互助会はテントを借り、チッソ工場前に座り込んだ。幾日も経たずに組合は患者にテント返却を迫り、一二月の寒風のなか、患者はとり残されるという組合員の苦い思い出があった）。そして、昭和四五年の五月二七日、会社側の「企業責任」を追及して八時間のストを決行した。旧厚生省での一任派低額補償処理に抗議してのストでもある。いわゆる「公害スト」。日本の産業労働史上初めてのことである。

この第一組合の変革には昭和三七年の「安賃闘争（賃金闘争であったが、本質は人員整理）」が背景にあった。一八三日間の長期ストだったが組合員数は第一組合、二〇〇〇人強。第二組合は一〇〇〇人弱、減少することはなかった。

苦い恥ずかしい経験であったが、花田さんには長い苦労がつくりあげた暖かみ、誠実さがあった。人間の思想にかなうものはない。

馬場 昇

あの不知火海を汚したチッソは許せない！

ばば・のぼる
一九二五年熊本県生まれ。元衆議院議員。八七歳。著書に『国会と郷土を結ぶ』『粒粒皆辛苦・人間機関車二十年』（編著、SBB出版会）『日本社会党50年の盛衰――護憲・九条の党で平和な世界を』（熊本日日新聞情報文化センター）『私の昭和史――憲法を護り護られての闘い』（熊本日日新聞情報文化センター）『人間機関車と呼ばれて』（熊本日日新聞社）などがある。

87歳とは思えぬ元気さでインタビューに答えてくれた馬場さん。いまは、最愛のアキ夫人は認知症を病み、入院中、愛犬とともに暮らしている。H24. 4. 4　熊本市内の自宅にて

馬場さんは当時の三木環境庁長官と東京交渉団の患者たちの橋渡しを実現。補償協定書作成の折衝を開始する。7月9日「水俣病補償協定書」に調印。馬場さんも7人の立会人の一人になっている。S48. 6. 22　環境庁にて

政治家は私にとって学者・文化人という人たち以上に縁がなかったが、今回のインタヴューで、引退して一五年の馬場さんからたっぷりお話をうかがうことができた。終始、笑顔であった。熊本駅を見おろす高台で一人暮らし。身長一八〇センチ、八〇キロ。「人間機関車」と呼ばれ、政治家歴二五年。「ミカン議員」「ミスター・ミナマタとも呼ばれニックネームには事欠かない。

教員時代（六年間）、不知火海を眺めながら通勤。あの豊かな美しい不知火海を汚したチッソは断じて許せないという義憤。これがのちに水俣病にかかわる〝原点〟となる。

同じ社会党の水俣市議・日吉フミコさんから訴訟派が「村八分状態」、膨大な裁判費用がかかると声をかけられ、「告発の会」本田代表からは「弁護団が頼りない。水俣病議員になってほしい」と請われ、以来、労働運動、国会議員ひとすじ。

熊本県高教組書記長、委員長、総評議長。昭和三七（一九六二）年から四年間、日教組本部副

石原慎太郎環境庁長官を患者家庭へ案内する馬場さん。長官は初めて水俣を訪れ、患者を見舞う一方、漁民の訴えにも耳を傾けた。左より石原長官、馬場さん。S52. 4. 23　芦北・女島にて

委員長。昭和四七年一二月一〇日初当選。衆議院内ではトップ当選。持ち前の明るさと体力で馬車馬のごとく働いてきた。

とくに水俣病闘争のなかでチッソから国にその責任が移行するなかで馬場さんの果たした役割は大きい。二〇年七カ月の国会議員生活で、水俣病問題での国会質問回数、実に五五回。当選一年目（判決前）で三木環境庁長官（田中内閣）に初質問。引退時（七〇歳）にも最後の質問。

いま、水俣病の解決が混迷するなか、すべてが「和解」に動き出しているという現実がある。弁護士と政治家の責任は重大だという。殺した者と殺された者の「和解」はありえない。

最後にこのような元気な父親からどんな子どもが育ったのか訊いてみた。娘二人ともいつもまにか自分の「批判精神」を受け継いでいた。長女はＮＨＫに入局。現在はフリーのディレクターでチェルノブイリへ長期出張中。次女は中国引揚者支援センターに。孫たちの電話が楽しみな毎日だ。

宮澤信雄

「畜生！　やりやがったな！」という思いがはじけた

みやざわ・のぶお
一九三五年東京生まれ。元ＮＨＫアナウンサー、水俣病研究会会員。二〇一二年逝去（七六歳）。著書に『水俣病事件資料集』（共著、葦書房）『水俣病事件四十年』（葦書房）、論文に「水俣をめぐる七〇年代」（『思想の科学』思想の科学社）「国の病としての水俣病」（『環』藤原書店）などがある。

昨年亡くなられた原田医師と水俣病研究家の宮澤さんの二人は期せずして死去日が同じだった（原田さん6月11日、宮澤さん10月11日）。後ろは寿美子夫人。
H24. 5. 15　熊本市内の原田家にて

チッソ社長との直接交渉を求めて、患者・家族・支援者はチッソ本社前に座り込んだ。誰か知り合いをみつけたのか、偶然カメラに飛び込んできた宮澤さん（右端）。
S46. 11. 6　チッソ本社前にて

宮澤さんが亡くなった。この企画のインタヴューをお願いして〝ベッドが空かないから〟と言いながら宮崎から熊本までわざわざ足を運んでいただいた。それから二カ月後（平成二四〔二〇一二〕年一〇月一一日）永眠。私にとっては〝あっけない死〟だった。「すい臓ガン」であった。

これだけ真摯に水俣病にかかわった人をほかに知らない。HNKのアナウンサーでもあって、チッソ等の交渉の席でハキハキしたよく通る声で、自分の理論が整然と言える人だった。

熊本に転勤したのが昭和四二年六月、水俣病はもう過去のことだと思っていたが、翌年九月の政府の「公害認定」の前に「なにかある」と思い「僕に行かせてくれ」と上司に志願して番組作りを担当。宇井さんの『公害の政治学』をあわててにわか勉強をはじめる。

二日間、水俣を歩き廻り、これはたんなる有機水銀中毒ではなく、「水俣市の水俣病なんですね」と『苦海浄土』を出す前の石牟礼さんにインタビューして驚かせている。

重症の胎児性患者・田中敏昌君にも会い、悲

患者岩本公冬（きみと）さんとチッソ島田社長のやりとりを見守る宮澤さん（中央）。
S48. 3. 25　チッソ東京本社にて

惨な姿に「畜生！　やりやがったな！」という小さい頃からの不正や理不尽なことに対する激しい怒りがはじけるように噴き上がる。水俣病との「縁《えにし》」を感じ、このとき、水俣病のことはすべて見届けようと決意する。

　しばらく悩みながら〝支援〟と〝アナウンサー〟の二役をこなしたが、みずから水俣病の担当から外れることを決断する。好きでなったアナウンサーだったが、自分の思ったことが言えないジレンマにずいぶん悩んだ末だった。

　以降は「支援者」として粘り強く「未認定患者発掘」などに取り組む。昭和三八年頃存在したといわれる「毛髪水銀データ」をついに探し出す。三年にわたって熊本県が調査した二七〇〇余人の調査結果だった。とりわけ、九二〇PPMという天草・御所浦の女性のデータは世間に、とりわけ水俣関係者に大きな衝撃を与えた。行政さえ五〇PPMで発症の可能性があるという。

　このように、とことん追い求めないと納得できない性格は私には少し重い。

水俣市主催（行政側）による慰霊祭が行なわれている一方、乙女塚でも患者・家族、支援者ら約 40 人が集い、慰霊祭が行なわれていた（中央手を合わせる宮澤信雄さん）。
H24. 5. 1　乙女塚にて

堀田静穂

患者さんのなかに出向いてゆく看護、医療を

ほった・しずほ
元看護士、元水俣病センター相思社職員。七三歳。

永年の看護経験を生かし、母親（97歳）の介護の日々を送っている。
H24. 6. 5　北九州市にて

不知火総合調査団一行をこの日は海上からの案内。鶴見和子上智大教授（中央）に説明する堀田さん（その右どなり）。左下は石牟礼道子さん。S51. 3. 31　女島沖にて

生まれは北朝鮮、引き上げ後、天草・樋の島で六歳まで育ち、水俣へ。船大工の父と住んだ高校二年までの水俣の〝奇病時代〟の記憶はいまは「遠い噂」でしか残っていない。

なりたかった看護士学校（長崎医大付属）を卒業し、九大病院に三年間勤務後、福岡の看護学校の教員を経て八年ぶりの水俣へ。

水俣は再び動き出していた。

昭和四四（一九六九）年一〇月、熊本地裁の水俣病第一回口頭弁論では胎児性患者上村智子さんの「アーアー」という声が法廷内に響き、結局、法廷の外に出されるというショックと衝撃が水俣の現実であることを思いしらされる。一月に出版されていた『苦海浄土』にも触発され、胎児性患者のことを思い描きながら作業療法士（リハビリ士）養成学校に一年間入学する。

自分のテーマは障害をもった子どもたちが施設などではなく〝生活の場〟で生きられること。患者のなかに出向いていく医療だ。志願して、水俣湯の児のリハビリ専門病院に勤務する。二階の畳の大広間には胎児性患者たちが生活して

毎日バイクで走りまわり、認定された患者宅の訪問はもちろん「潜在患者」の掘り起こしも重要な仕事。忙しい日々が続く。S50.9　水俣市の患者宅にて

いた。ドライバーになりたいという半永一光君は懸命に生きようとしていた。〝生きた人形〟と呼ばれていた松永久美子さんは「人形じゃないのに……」と医者と話し合ったりした。しかし、どうしても障害者たちが施設の中で暮らすことに馴染めず、センター相思社に新しく開設された「移動診療所」にかかわることになる。自分では「移動看護士」と呼んで患者の健康や悩みごと相談、機能回復訓練、ときには家事手伝いなど、西に東にバイクで走り廻る。その活動費、食費やガソリン代などは全国の医師や看護士の仲間のカンパで支えられていた。このような堀田さんの仕事が一番必要だと彼らはよく知っていたから。

目指すは「巡回作業療法士」。その人の生活のなかで、その人に合った訓練や医療を工夫してゆく。模索しながらの二〇年であった。

いまは北九州で看護経験を生かし、永年苦労をかけた九七歳になる母親の介護の日々を送っている。

遠藤寿子
近沢一充

治らん病とどうかかわっていくのか

えんどう・としこ
薬剤師、ケア・プランナー。六三歳。
ちかざわ・かずみつ
針灸師、養生所所長。六四歳。

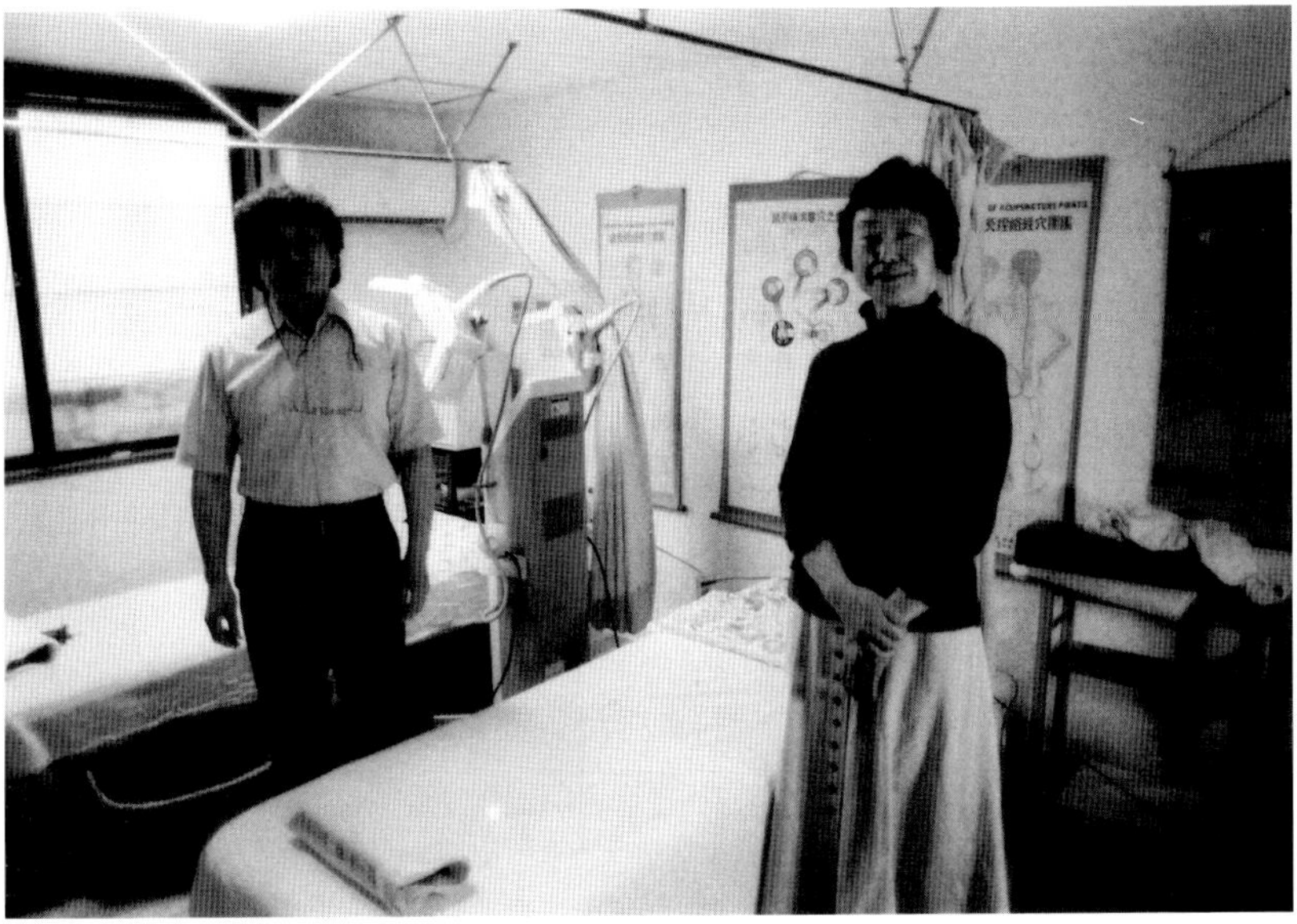

夫の近沢一充さんと、紆余曲折をへて「出月養生所」から町中の養生所へ移転して26年。水俣病患者を含め、地域医療の担い手となっている。H24. 5. 1　水俣市内の養生所前にて

「出月養生所」時代の遠藤さん（薬剤師）と堀田静穂さん（左）。仲間５人との試行錯誤がつづく時代だった。
S48. 5. 20

水俣病は不治の病といわれる。二〇一二年、亡くなった原田医師が若い医学生を前に語りかけた言葉にひとつのヒントがある。

「治らん病気はいっぱいあるわけですよ……その治らん病気を前にしたとき、医者が患者とどういう関係をもつかですよ」。


水俣は人口にたいして医院の多い街。そんな街で「養生所」の看板をかかげて二六年。近沢さんは針灸師として患者を診る。奥さんの遠藤さんは薬剤師でもあり、ケア・プランナーとして介護の相談にのっている。二人は東京のチッソ本社の自主交渉「座り込みテント」で出会っている。

遠藤さんは幼いころ、少女雑誌で「エビを食べた少女が水俣病に」という記事を呼んでそれがトラウマになってエビが食べられなくなったという多感な少女時代を送っている。

明治薬科大学時代、いつも自問自答していた。本来〝薬〟とはどうあるべきか。病気を治す薬でもあり、毒にもなる。卒業し、病院勤めしな

この日は坂本しのぶさんの成人式の日。家族・親戚・仲間や支援者と宴がもたれた。しのぶさんの晴れ着姿がまぶしかった（右端が遠藤さん）。S52. 1. 15　湯堂にて

がらも葛藤はつづく。座り込みテントの医療班を任され、水俣へ。水俣病センター相思社の医療班としても看護士仲間五人で「出月養生所」をつくり、その後、街なかに移転。

近沢さんは東洋大二年のとき、チッソ本社座り込みテントを経て、水俣へ。この水俣で自分はなにができるのか？　東京・八王子の山田診療所（小児科）の縁から、針灸師の資格をとることになる。そして開業。

これからも医療者として水俣にどうかかわっていけばよいのか、手探り状態がつづいた。

判決の年に二人は一緒になり、水俣に住みつく。センター相思者時代からの医療相談所をかかげ、巡回検診や潜在患者の掘り起こし、薬の問題点なども話し合う。治らぬ病に大量の薬、東洋医学の漢方の話、民間療法など、話を交わすだけで「治療になる」という患者もいる。

いつもホッとする空間を大切にしているという。

藤野　糺

汚染の実態を明らかにすること、それが私の使命

ふじの・ただし

一九四二年中国大連市生まれ。水俣協立病院名誉院長、特定医療法人富尾会桜が丘病院院長、熊本学園大客員研究員。熊本大学医学部卒。『水俣病の真実——被害の実態を明らかにした藤野糺医師の記録』（矢吹紀人著、大月書店）がある。

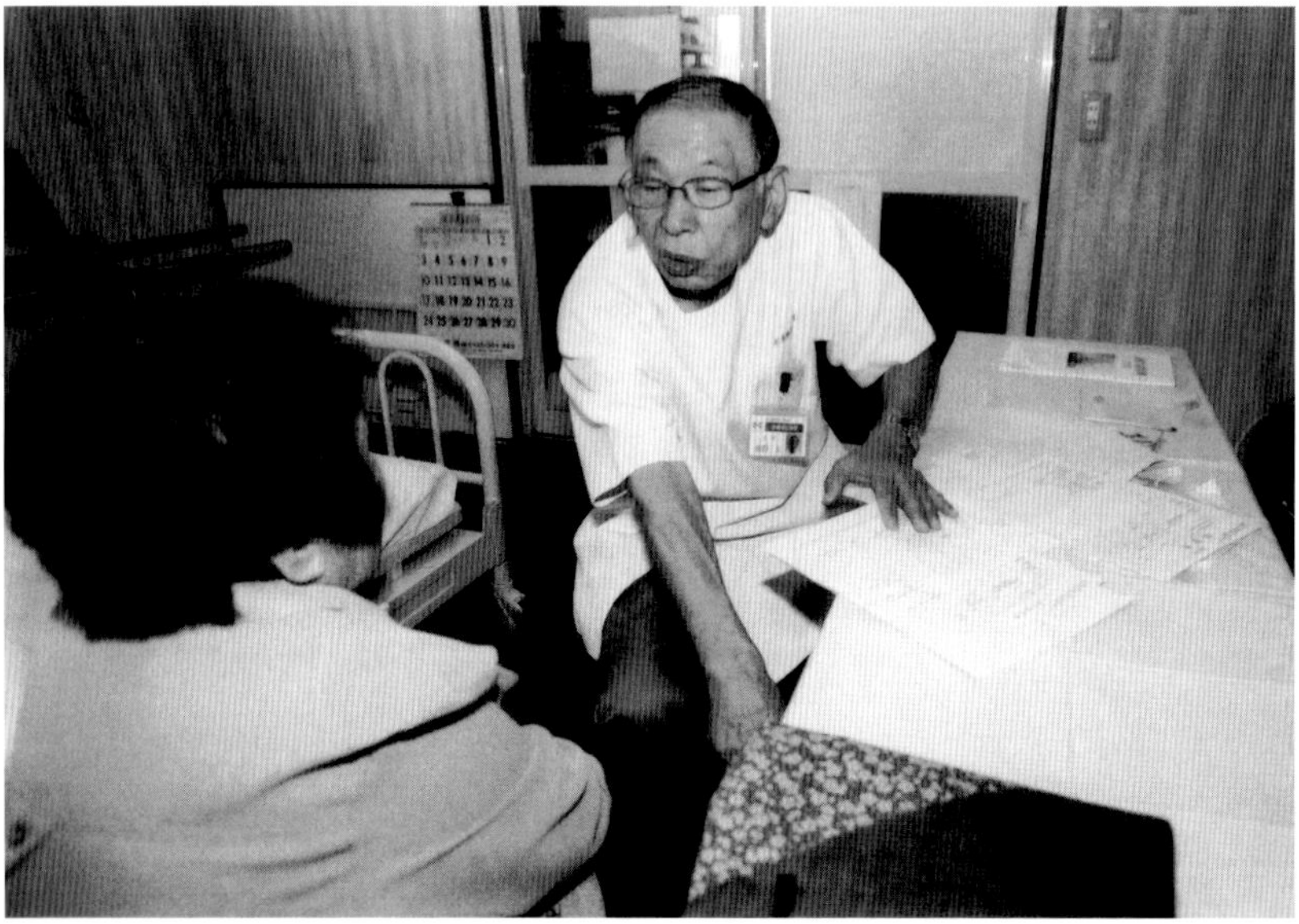

この日は約 1400 人の集団検診をした。およそ 200 人のキャンセルが出た。これは身内や家族の反対にあい、断念した人たち。偏見や差別がまだ残っていることが明らかになった。申請期限（7 月末）の撤回を藤野医師は訴えている。H24. 6. 29　水俣協立病院にて

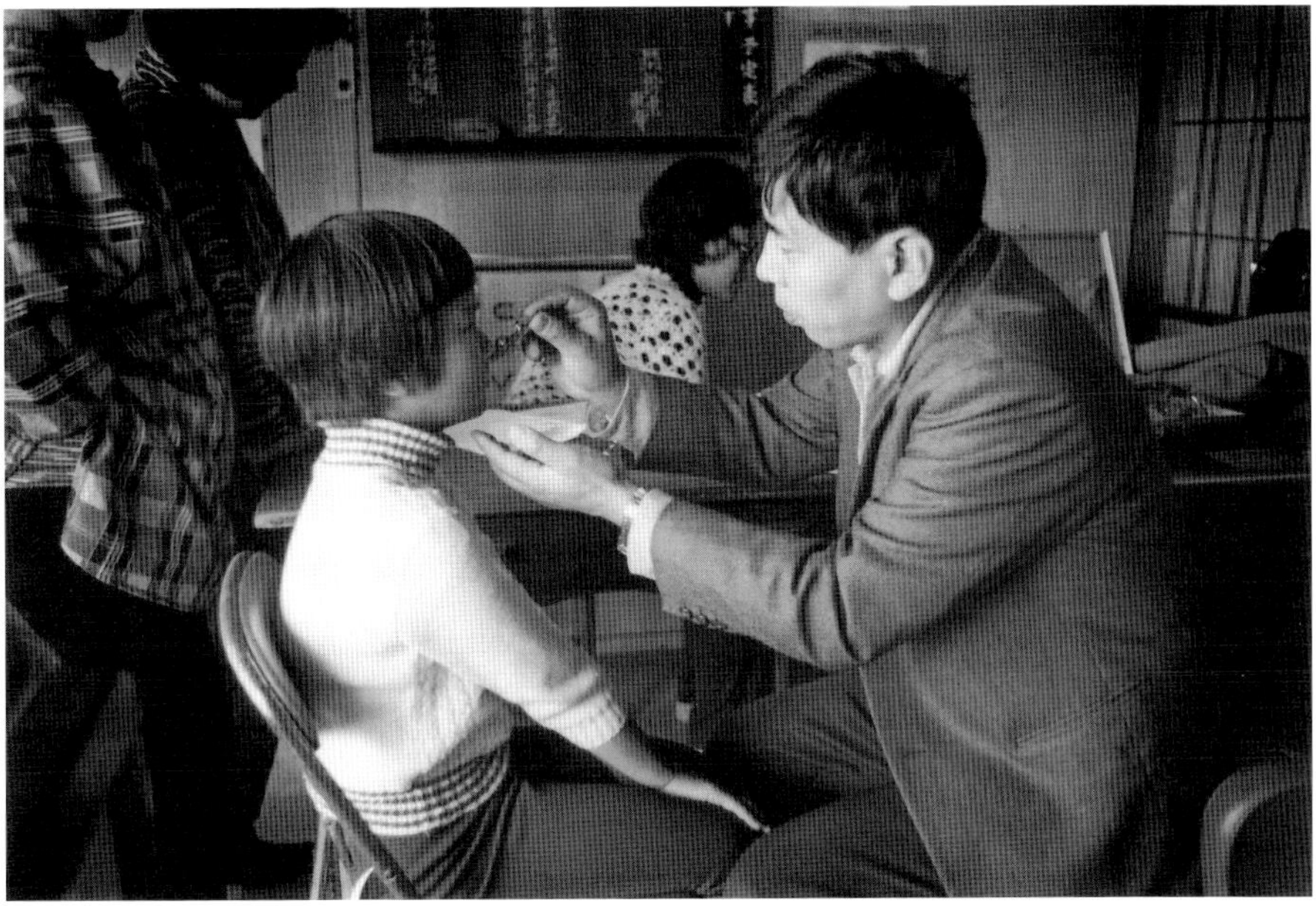

鹿児島県出水市の桂島検診（子どもの検診）。S54. 12. 4

水俣病の原因究明には熊大医学部を中心に多くの医学者が努力を重ねてきた（第一次研究班）が、一九七三年に第二次研究班が「一〇年後の水俣病」と題する報告書で三点の重要な指摘をしている。その一、まだ多くの水俣病患者が存在する。その二、慢性微量汚染による発症がある。その三、「参考調査」の「有明海」にも水俣病が発生している。新潟につづいて「第三水俣病」ではないか。摂食禁止を提言したため、〝水銀パニック〟の大騒動になる。政府はこれを危惧し、「間違いだった」「なかった」と水俣病を封じ込める。当時の武内忠男熊大名誉教授（第二次研究班班長）は「ガリレオ裁判だった」と述懐している。

それに平行して第一、第二水俣病にたいして認定基準を二つ以上の神経症状の組合せが水俣病の「判断条件」として基準を狭めた。

藤野医師はそのころ、先輩医師原田さんと水俣に入り、行く先々で放置された重症患者の存在に驚く。事実を明らかにし、早急に医療体制を作りあげなければならない。

昭和 49 年 1 月水俣駅前に水俣診療所が開設。患者と弁護士や仲間らとともにオープン。地域医療を支え、未認定患者を掘り起こす作業もすすめる。このあと、同所を閉鎖し、水俣協立病院院長に就任する。S49. 1　水俣診療所にて

弁護士や患者らとともに水俣駅前に「水俣診療所」を開設、その後「水俣協立病院」に名称を変え現在にいたる。「水俣病を掘り起こそう」としているとして「医師会」に入ることを拒否され、医者として、人間としても認めてくれないという差別を受ける。六〇歳退職前にやっと「入れた」という。

藤野医師は言う。いまからでも遅くはない。国は不知火海沿岸住民四七万人の健康調査、環境調査に取り組み、被害の全容を明らかにすべきだ。また、水俣病は多様な症状があり、未解明な部分も多い。国側に協力してきた医学者の責任も重い。途中、どこかで道を誤ったのだ。初代環境庁長官大石武一氏はかつて「一％可能性があれば水俣病とすべきだ」と述べている。微量汚染の取り組みはまだ始まったばかり。

四二年間は「水俣病の人生」だったという。汚染の実態を明らかにすることが自分の使命だと思っている。

色川大吉

水俣病を読み解くカギは「水俣の啓示」にあり

いろかわ・だいきち
一九二五年千葉県生まれ。歴史家、東京経済大学名誉教授。東京大学卒。『明治精神史』（黄河書房〔のち講談社学術文庫上下、岩波現代文庫上下『増補版　明治精神史』〕）『新編　明治精神史』（中央公論社）『ユーラシア大陸思索行』（平凡社〔のち中公文庫〕）『ある昭和史――自分史の試み』（毎日出版文化賞受賞、中央公論社）『水俣の啓示――不知火海総合調査報告』（筑摩書房）『フーテン老人世界遊び歩記』（岩波書店）ほか著書多数。

若さの秘訣は頭脳を使いつつも、その行動力にあると想像する。「リスボン―東京５万キロ」と銘打ってユーラシヤ大陸を走破。一人でぶらりと世界に飛び出し旅することも多い。
H21. 10　八ヶ岳山麓の山荘にて

不知火の総合学術調査団一行。右はユーラシヤ大陸も横断したドサ号。S51. 4. 1

不知火海沿岸漁民の「次第に消えてゆく人間像とその生活を記録に残したい」という石牟礼道子さんの要請に応え、「不知火海総合学術調査団」が生まれたと聞く。第一次団長が色川さん（ちなみに第二次調査団団長が最首悟氏）。あと十数人のそれぞれの分野の学者、教授たちが参加している。

一九七六年春であった。

私は学者、教授、文化人と聞いただけで、恐れ多くて近寄れない。いつも遠くからカメラを構えて撮っているだけだった。しかし、調査団のマネージャー・羽賀しげ子さんの〝日誌〟には私の名前がよく出てくる。石牟礼さん宅やセンター相思社での歓迎会。海上視察での送迎など、学者は苦手と言いながら、よく顔を出しているがあまり記憶はない。

ただ漏れ聞く話に耳を傾けていると、私がカメラを通して目指している方向性（民俗学）と一致していることに安心した記憶は残っている。漁民、労働者、患者・家族への聞き取りなど、彼らは学者なのでその方法論が私と違って、筋

多様な研究者による７年間の調査は「水俣の深い部分に光が当たったのではないか」と振り返る。S51．4．3　患者多発地区、湯堂にて

道だって統一されて考えられていた。つまり、水俣病はいわゆるたんに「有機水銀中毒」によって悲惨な状況が生まれた（ただ写真に撮れる）ことだけでなく、多面的でかつ包括的な問題であるということ。その意味で水俣病とはこれから一〇〇年二〇〇年とつづく終わることのない課題だ。

七年間の調査団の仕事は『水俣の啓示――不知火海総合調査報告』上下巻（筑摩書房）にまとめられている。この大作を読み解くには多大なエネルギーと時間を必要とするが、あらためて水俣病事件とはなんであったのか、私たちはその本質を少しでも見極めねばならない。

現在、色川さんは山梨県の八ヶ岳の山麓にこもり八八歳になったいまも執筆活動と講演活動をつづけている。行動する歴史学者にふさわしく四〇年前の写真と現在の写真の相違はなく、若々しい。

全国から多くの人びとが患者宅に押しよせた。患者・家族はその対応に追われ、「支援公害」という言葉が生まれたのもこのころだった。やがて、水俣に住みつき、いまも運動を担っている人も多い。S47. 10. 3　胎児性患者上村智子さん宅で

森山博

なんちゅうバカが……とあきれた「ニセ患者」発言

もりやま・ひろし
元水俣病を告発する会、森山そば店経営。六三歳。

現在は市内の中心部でそば店を営む森山さん。いまも「水俣」を見守る。「ニセ患者発言」をする権力側の体質はいまも変わっていないという。「だから水俣病問題はこれからもつづく」。H24. 9. 28

逮捕時は熊大生だったが、若く「ニセ患者発言」に怒りをぶつけたが、いまは世間の「ニセ患者発言」にたいする差別や偏見の本質はどこにあるのか、それをどう乗り越えてゆくのか、考えるという。S50. 11. 9　水俣市教育会館にて

一九七三年三月の勝利判決と、七月のチッソと患者の補償協定後から認定患者が急増。一九七五年八月、環境庁で杉村国夫、斉所一郎両県議がこぼした「ニセ患者」発言が大きく地元の新聞にも報道され、のちに抗議に訪れた患者・支援者四人が逮捕されるという騒動が起きた。

熊本市内で「森山そば店」を二九年間営む森山博さんもそのなかの支援者の一人。蹴った蹴られたのささいなことだった。

熊本大在学時、水俣病と取り組む「小さな集い」や「告発」のメンバーだった。発言を知ったとき「なんちゅうバカが……」とあきれるも患者が県議会に抗議に向かうのに付き添う。すでに私服警官、機動隊が待機。杉村県議をガードするなかもみくちゃの混乱状態。「お前蹴っただろ、蹴ったね?」と森山さんに向かって警官が。暴行した意識はなく、その後、のんびり釣りに出かけたほど。

ところが一〇月の早朝、二〇人もの警官が下宿にやってきた。公務執行妨害、傷害容疑で逮捕。水俣の患者二人も自宅に大勢の警官が押し

「ニセ患者発言」とそれにつづく患者逮捕に講義して熊本市内をデモ行進。横断幕を持つ森山さん（左端）。いわゆる「謀圧裁判」と呼ばれ、懲役４カ月、執行猶予２年。最高裁まで争った。自分はともかく、患者二人の懲役には納得できなかったという。S50. 11. 10

寄せ、子どもの目の前で手錠をかけていったという。

「運動つぶしを狙って仕組まれた謀圧事件」と位置づけ、裁判支援態勢が組まれる。一四年間デッチあげ裁判とわかっていても、患者のためにも戦わねばならなかったという。

水俣病被害者への「差別」「偏見」が広く論じられるきっかけともなった。「ニセ患者」発言の根は深い。

私も初期のころは典型的な（認定された）重症の患者を中心に撮ってきた。有機水銀中毒は人の姿、形は残してもその中身の中枢神経を侵すという。一枚の写真としてその人たちを撮ればそれは五体満足の人間にしか見えない。

典型的な病例をそなえた患者以外は水俣病ではないとしてきた短絡的な考えこそ捨てなければならない。あの騒動から三七年、表向きは同じ言葉を聞くことはないが、多くの人が「ニセ」と思っていても口には出さないだけかもしれない。もっと隠微なかたちで差別は広がっている。

水俣病認定申請協議会と県公害局（公害保険部長）との徹夜交渉。県はこの日、集中検診のデタラメさ、潜在患者についての責任を認めることになる。S49. 9. 7　熊本県庁にて

石川さゆり

勇気と希望を分かち合った青春「石川さゆりショー」

いしかわ・さゆり
一九五八年熊本県生まれ。歌手。代表曲『津軽海峡・冬景色』『波止場しぐれ』『天城越え』『夫婦善哉』『風の盆恋歌』ほか多数。

映画「わが青春・石川さゆり水俣熱唱」の再上映のため、突然訪れたさゆりさんと34年ぶりの再会。「皆、いい感じで歳をとった」とさゆりさん。
H11. 3　水俣病情報センターにて

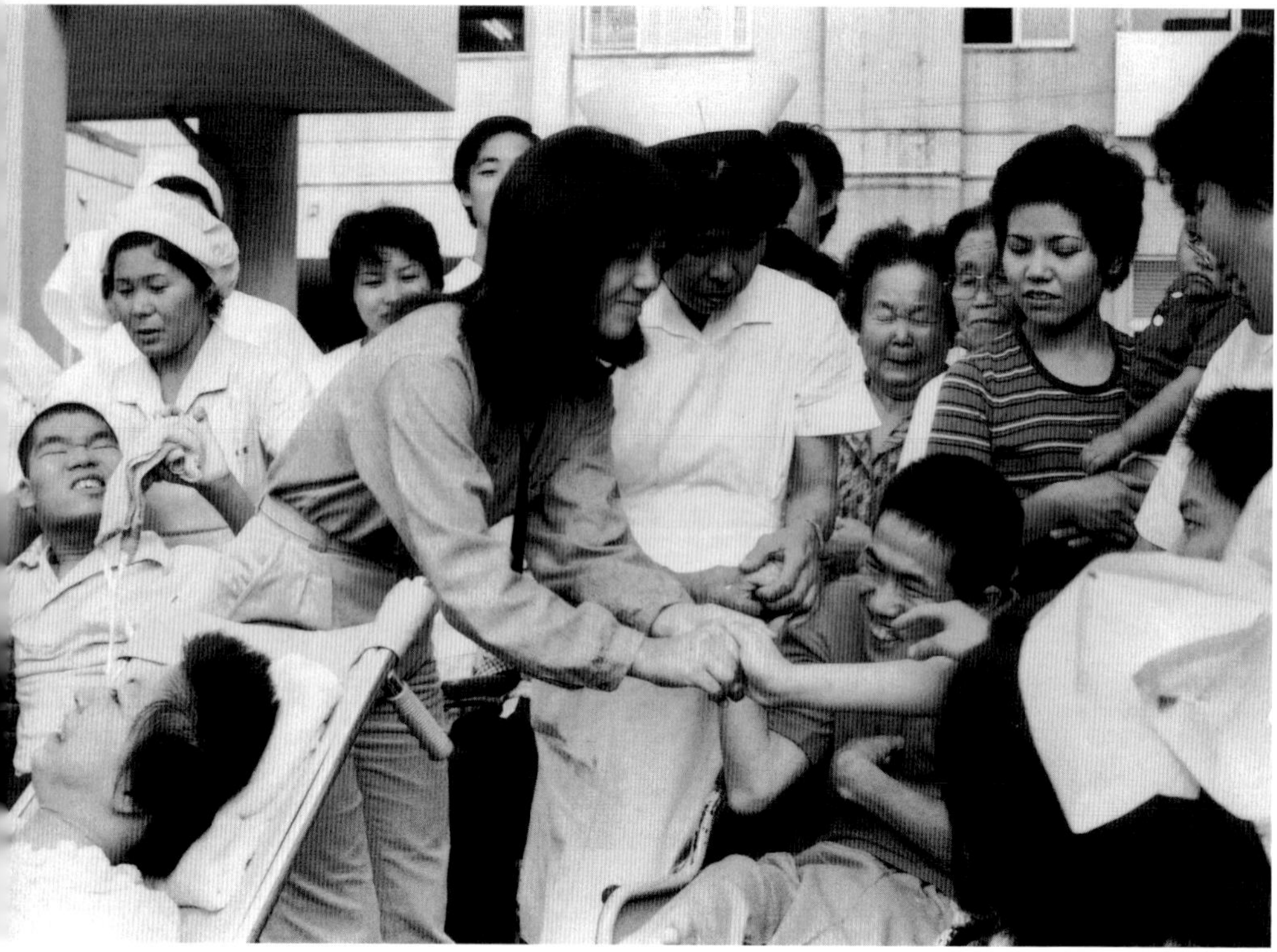

寝たきりの患者たちにもさゆりさんの姿を見せたかったというのが若い患者たちのいちばんの願いだった。水俣に着いてすぐ水俣病患者施設「明水園」を訪問。重症の患者たちなどの大歓迎を受けた。S53. 9. 21

なんの可能性もなく〝夢のような話〟として、昭和五三年九月、水俣での「石川さゆりショー」が実現した。

「きょうは石川さゆりおんすていじに……。」舞台あいさつで、言葉は明瞭ではないが、みずからを励ましているのがわかる。感極まって泣き出す者、ケイレンを引き起こす者。一瞬、場内は静まり返るが、千人以上に埋まった観客席からすぐに惜しみない拍手が。

危うい足どりで八人の若い患者たちは退場。この公演には二人の主役がいることを印象づけた。そのため、序盤は観客のノリもよくない。やがて巫女《みこ》のような衣装のさゆりの熱のこもった歌に観客も引きつけられてゆく。最後の「津軽海峡冬景色」の絶唱では誰もが酔った。

なにか大きな壁、彼らにたいする偏見のまなざしを打ち破った若い患者たちのひたむきな印象がいつまでも心に残った「さゆりショー」だった。

あれから三〇余年の歳月が流れた。さゆりさんから勇気と希望をもらった患者たちはあの日

約２時間の「さゆりショー」は成功のうちにはねた。「いつになく熱が入った」さゆりさんと疲労と緊張と満足感がないまぜの患者たち。S53. 9. 21　水俣市民会館にて

の映画『わが街・わが青春——石川さゆり水俣熱唱』の上映会を企画し、〃メッセージをください〃と手紙を書いた。当日の平成一一（一九九九）年三月、突然、予告なしで本人が現われ、患者たちを驚かせている。「皆、いい感じで年をとったな」とさゆりさん。「これからも元気で過ごしましょう」と一言伝えたかったという。

歌の世界で〃青春〃を歩んださゆりさんと〃業病〃を生きる患者たち。ふたつの接点は離れているが、気持ちはひとつに繋がっていると私は思っている。ある日、週刊誌のインタビュー記事に答えているのを呼んだ。「私は旅が好きで、パラオへジュゴンを見に行ったり、娘と二人で、モンゴルの砂漠へ出かけたり、東北の被災地で『浜甚句』を歌ったり……」。このような女性《ひと》が水俣に心を寄せない筈《ハズ》がない。私はそう信じている。どうか末永く、水俣のこと、よろしくお願いします。胎児性患者になり替わって——。

吉田 司

水俣で「若衆宿」をたちあげ、それを本にするということ

よしだ・つかさ
一九四五年山形県生まれ。ノンフィクション作家。早稲田大学第一文学部哲学科西洋哲学専修に入学、在学中に記録映画集団「小川プロダクション」の結成に参画。「圧殺の森」「日本解放戦線　三里塚の夏」の制作に携わる。『下下戦記』（白水社〔のち文春文庫〕）にて大宅壮一ノンフィクション賞受賞。『ひめゆり忠臣蔵』（太田出版〔のち改訂再版〕）『宮澤賢治殺人事件』（太田出版〔のち文春文庫〕）ほか著書多数。

クリスマス・パーティーでの催し、カラオケで森昌子の「せんせい」を歌うしのぶさんと吉田さん。S47. 12. 24　湯堂の「若衆宿」にて

「東京・水俣病を告発する会」がこの日誕生し、デモ解散後、「劇団三十人会」で交流会が夜遅くまでつづいた（右端が吉田さん）。S45. 6. 28　新宿の劇団三十人会にて

『下下戦記』を手に取り、なぜこれほどまで物事を斜に構えて書くことができるのかと感心もし、呆れもする。そのことを知りたくて、本人にインタビューを申し込んだが、アッサリと断られた。ただし、勝手に自由に書いていいとも言われた。「書くのは塩田の自由だから」と。

　私と吉田さんは同じころ、水俣病に目を向け、年齢も同じ、水俣病にたいする〝想い〟も同じだと思っていた。しかし、私が思うほど、吉田さんは思っていなかったようだ。それは彼が育った山形の幼年時代からの環境にあったのだとあとで知った。身障者の父と「一銭店屋」の母の仕事。生涯、取り除くことができないであろう〝桎梏《しっこく》〟。

「若衆宿」と銘打って胎児性患者を囲い込み（私物化し）何年間か水俣に住み、その詳細な「聞き書き」を基に『下下戦記』を書いた。何回目かの「大宅壮一ノンフィクション賞」をもらい、作家デビュー。

　この仕事自体に私はなにもいうことはないが、なんら社会性も免疫ももたない胎児性患者の

東京での出張尋問で吉岡喜一元チッソ社長の報告集会でマイクを握る馬奈木弁護士（右後ろが吉田さん）。
S45. 5. 23　チッソ本社前にて

「本音」を引き出し、そのまま彼、彼女らがしゃべったことを〝モロ〟に本にするということ。本名で書いていないのが唯一の救いだが、これとても、読む人が読めばスグわかる。

『下下戦記』は水俣では「厄災《わざわい》の書」として長いあいだ〝封印〟されてきた。胎児性患者たちはこの本のことを話題にしたこともない。私も冷静に読むことができず、途中で投げ出した。私が接してきた胎児性患者はどこに行ったのか。それとも本音はこういうことを聞いてほしかったのか。私はたんに表面上のつきあいだけで写真を撮ってきただけなのか。いよいよわからなくなってきた。

私は写真で表現する場合も編集する場合も、彼らに生きる希望、見る人に生きる縁《よすが》を与えられればといつも思ってきた。しかし、いずれも、これこそが「水俣病」なのだと思うことにしている。

松根敏子

見てはならぬものを見てしまった……

まつね・としこ
元神戸・水俣病を告発する会、お家レストラン・松根サロン主宰。六七歳。

いまは「有機農産物自給センター」代表として忙しい日々をおくっている。胎児性患者との出会いが人生を変え、行動力あふれる女性に変身していた。H24. 9. 1　神戸の松根さん自宅にて

会場を埋めた全員の黙禱のあと、患者たちのご詠歌が流れだした。セキを切ったように、あちこちからすすり泣きの声がもれ、このあと壇上へ。位牌をかざしてチッソ江頭社長に迫る、鬼気迫る場面が展開された（右端が松根さん）。
S45. 11. 28　大阪厚生年金記念会館ホールにて

この企画がスタートして、若さというものは、取り戻せはしないが、なんと素晴らしいことなのかとつくづく思った。

土本典昭さんの映画「水俣」のタコ捕りシーンのロケ現場で一人の若い女性が佇《たたず》んでいた。「誰だろう、この女性《ひと》は？」。時間をかけて彼女を探し出すことができた。松根（旧姓樋口）敏子さん。四〇年ぶりに神戸を訪ね再会、いままで疑問だったことを伺うことができた。

「水俣に関心をもったキッカケは？」

「主人が当時の『一株運動』にかかわっていて、甲南大学職員だった私を訪ねてきた。〝株を買わない？〟と一株買わされたのが水俣を知るきっかけです」。それから、「水俣病」を知らなくては「運動」はできないと答えを見つけたくて一人で水俣へ。

水俣では「患者総会」になんの違和感もなく出席。そのとき、上村智子ちゃん（胎児性患者）母娘が遅れて出席。なにも知らず声をかける。「ウー」「ウァー」と答えてくれた。見てはならぬものを見てしまった。いままでの人生の

「タコ捕り」の撮影現場での松根さん。なぜ、ここに彼女がいるのか、どこから来たのかわからず、40年経って神戸を訪ねて初めて、わかった。
S45. 8. 20　明神沖にて

価値観が崩れ去ってしまう。見ぬ振りをすることもできるが、自分に「差別者」という烙印を押すことはできない。

智子さんとの出会いが人生を一八〇度変える。それからは心のおもむくままに行動するようになる。一年間、大学職員の給料をすべてつぎ込んでの水俣通い。沖縄のサトウキビ畑の過酷な作業も経験。行動力あふれる女性に変身し、患者・家族からも慕われる。大阪の〝一株運動〟では患者・家族二五名を神戸の自宅に泊めている。気配り、思いやりのある女性《ひと》でもあった。

四人の子どもに恵まれ、水俣で学んだことを生かし、地元の生産者とつながり「有機農産物自給センター代表。土・日を利用して一日一組の無農薬、無添加の「お家《うち》レストラン・松根サロン」もつづける。忙しい毎日だ。八四歳の認知症だった母も看取った。

壇上を埋めた患者と支援者たち。元チッソ江頭社長が政府「公害認定」のさいの謝罪文を読みあげた。S45. 11. 28　大阪厚生年金会館にて

嶋崎敦子

映画「水俣」を見て、一人水俣へ行った

しまざき・あつこ
元東京・水俣病を告発する会、訪問ヘルパー、介護士。五九歳。

いま、介護士をしながら、地域の子どもたちの世話をする活動（ボランティア）を行なっている。この日も体育館で夏休み中の子どもたちの世話をやいていた。
H24. 8. 6

未認定問題と裁判闘争を支える申請者協議会の面々。嶋崎さんの周囲を癒す明るい笑顔は健在だった（右から二人目が嶋崎さん）。S51. 8. 5

かつて〝支援公害〟という言葉があった。夏の太陽が降り注ぐころ、全国の若者たちが、「水俣」に押し寄せてきた。水俣病の患者・家族たちは毎日その対応に追われ、なにもできなくなり、嬉しいような、困惑するような時期があった。

一任派にたいする低額補償処理に反対する人びとが昭和四五（一九七〇）年五月二五日、旧厚生省前に集った。その数およそ一一〇人。「告発」紙面が〝全国の友よ〟と呼びかけ、全国に「告発する会」が続々と生まれ、若者たちがものに憑かれたように集っている。

皆から「アッちゃん」と親しみを込めて呼ばれていた嶋崎敦子さんは当時高校二年生で一番若く周囲に笑顔をふりまいていた。機関紙「告発」の昭和四七年三月号に「紅二点の一人」もっかの悩みは普通の人より少しばかり体重が多いことという「横浜のアッちゃん」と紹介されている。

友人に誘われて映画「水俣」を見たのが水俣とのかかわることになったきっかけ。三里塚問

未認定患者の熊本県の行政の作業遅れを問う不作為違法訴訟。昭和 51 年 12 月「県の不作為は違法」と断じる判決を勝ちとるも、事態はなにも改善されず。本田代表らと談笑する嶋崎さん。
S49. 6. 17　熊本地裁にて

題とか「世の中おかしいよね」と思っていた時代、真面目に世の中を変えようと思っていた。鹿児島に母の実家があり、夏休みを利用して一人で水俣に行く。患者宅に泊まったりしながら、家事や畑仕事など多くのことを学び、体験する。家庭、学校、時代、いろいろ矛盾を抱えた世の中は「水俣を見た」ことで吹っ切れ、秋にはさらりと横浜から〝家出〟して、チッソ本社前の座り込みテントに居つくことになる。

一年七カ月の長年住み慣れた自主交渉のテントをたたんで水俣に流れた若者の一部は患者とともに行動をしている。大学や職場を棄て集まってきた人たちのなかに嶋崎さんの姿もあった。「水俣病申請協議会」や「九州民間闘争団結合宿」の事務局を担当したりした。彼らに共通しているのは「水俣が好き」ということ。水俣を知ることで、さまざまな出会いがあり、その不思議さをいま、誰もがかみしめて生きている。いま、大分の静かな山奥・邪馬渓で、シングルマザーとして一人息子を育てあげ、介護士をしながら自然のなかで生きている。

柳田耕一
柳田裕子

この水俣の社会は自分が育った村社会だった

やなぎだ・こういち
元水俣病センター相思社世話人、環境カウンセラー、（株）ティエラコム監査役。六二歳。著書に『水俣そしてチェルノブイリ』（径書房）がある。
やなぎだ・ゆうこ
ケア・マネジャー。六二歳。

センター相思社世話人としての 15 年間などを振り返りながら裕子夫人と人生を語ってくれた。水俣病事件の総体を把握することは至難の業、共有することではないという。H24. 7. 10　柳田さんの自宅にて

患者とともに共同作業場をと始めたキノコ工場。いくらがんばっても収益トントンで黒字にはならなかった。その後も「ミミズ養殖」など試行錯誤がつづく。結局、水俣特産の甘夏ミカンが中心になる。いざ出荷！　キノコ工場での柳田さん。S49. 12. 25

昭和四五（一九七〇）年春、東京農大造園科入学。〝人間への関心が強く〟映画（一日に六本観ることも）と読書漬けの日々。ヤクザ映画、西部劇、なんでも観た。このとき、土本監督の映画「水俣」にも出会う。こんな記録映画は初めて、新鮮だった。『苦海浄土』も読み、この水俣の社会は自分が育った熊本の「村社会」だったという。それまで熊本の人間だけど「水俣」にはまったく関心がなかった。しかし、遠い水俣の話ではなく、自分のことだと思うようになる。

「一株運動」「チッソ本社座り込み」などを経て、運動と生活の拠点としての水俣病「センター相思社」構想の設立委員会にも参加。相思社「世話人」の話も具体化する。いつもまにか大学には行かなくなり「自主退学」していた。

一年間だけならとセンター相思社の世話人を引き受け、六人の職員で忙しい日々がスタートする。昭和四八年一一月七日起工式。まずエノキダケの人工栽培工場新設、八年間つづいた。甘夏ミカンの販売が最初二〇トン、販路を生協

センター相思社の基礎工事での柳田さん。あれよあれよというまに世話人を引き受け、無我夢中の15年間だった。S49. 1. 7

などへのばし、徐々に増えてゆく。いつのまにかセンターは二〇人の大所帯になっていた。自主交渉闘争に積極的に動いた人たちを中心に「水俣病患者家族果樹同志会」も生まれ、相思社は販売事務局と堆肥製造を受け持つ。販売量も六〇〇トンになり、これは水俣市農協が扱う量の四分の一にあたる。「生活学校」も企画したり、創立から一〇年を経て試行錯誤しながらもセンターは安定期を迎えていた。

そんなとき、思わぬことで足をすくわれる。平成元年六月「甘夏事件」が表面化。農薬のかかった甘夏ミカンを出荷するという事件。内部告発だった。ショックだった。その年にかぎって甘夏が足りず会員外からの仕入れたミカンを低農薬として販売。「水俣病の被害者が加害者になっちゃならん!」が相思社の理念。川本輝夫理事長は辞任。柳田さん自身も責任をとって一五年間勤めた職員を辞めざるを得なかった。相思社は新体制で再出発することになる。

センター相思社の落成式の日、本田告発代表から職員が紹介された。左から、柳田世話人、堀田看護士（102P）、照れて顔を伏せている加藤さん（157P）、柳原さん、中村さん（55P）、日吉先生（14P）、浜本さん、本田代表（78P）。S49. 4. 7　センター相思社にて

大沢忠夫
大沢つた子

水俣の人びとに生かされ、助けられて……

おおさわ・ただお
元京都・水俣病を告発する会、エコネットみなまた。
六九歳。
おおさわ・つたこ
エコネットみなまた。六六歳。

判決のあと 38 年間甘夏ミカンの販売をしながら、「水俣」を伝えてゆく。右がつた子夫人、中央は長女直子さん。H24. 6. 24

40年前、京都から水俣に移住したころ。長女（現在38歳）が誕生し、患者・家族の漁やミカン山の手伝いから自立してゆく。S50. 9. 28

判決後、一年が経っての昭和四九（一九七四）年五月、京都から水俣に移住した大沢さん。川本輝夫さんたちの自主交渉座り込みに参加しながら、茂道の杉本家のミカン山の援農、イリコ漁の援漁も。患者の杉本栄子さんから「水銀に侵された身体でお客さんに農薬をかけた甘夏ミカンを食べていただくわけにはいかない」という考え方に深い衝撃を受ける。

自分が考えていた有機農業や無農薬栽培についての話をしているうちに「ミカン山」を任されることになった。当初は杉本家のミカン山の収穫量だけを知人、友人に販売していたが、その輪が広がり、グループを組織し反農薬水俣袋地区生産者連合、略して「反農連」を立ち上げる。昭和五九年のことだった。

参加した農家は「農薬をかけたあと、ひどく髪の毛が抜けた」とか「農薬すらかけられない」とか「老夫婦で管理が行き届かない」など、彼らの会に入ったきっかけはさまざまだった。

大沢さんは京都で渡辺栄蔵さん（第一次訴訟原告団代表）の講演を聴き、水俣にも何度か足

茂道湾を見下ろす高台で、胎児性患者の坂本しのぶさんと。入院した杉本家のミカン山を手伝う大沢さん。S49. 7. 20

を運ぶうち、ますますのめり込んでいく。「京都・水俣病を告発する会」の中心メンバーとなり、大阪での「一株運動」にも参加、五月にようやく水俣に住みつくことになる。七月に長女直子さん）も誕生。不安はなかった。すぐ目の前にやらなければならない仕事があった。甘夏ミカンだけでなく、カライモ、寒漬け大根、味噌、醤油、粉石けんなど、扱う品はいまでは数十種類になっている。主に〝食〟にこだわった製品。五年前に企業組合「エコネットみなまた」に法人化。年商六千万から七千万の売上げを確保している。これは甘夏ミカンを中心にした三八年間の努力の賜物だ。

いまでは水俣病のおかげで「水俣の物を買おう」とする人びとが多いことに助けられている。きっかけは「水俣の患者さんの役に立ちたい！」という支援だったが、いまは水俣の人びとに生かされ、助けられているという。

鶴田和仁

水俣病にかかわってよかったね……と母は言った

つるた・かずと
潤和会記念病院院長（宮崎市）。六四歳。

お忙しい最中、気軽に撮影に応じてくださった鶴田医師。H24. 12. 11　潤和会記念病院にて

延々とつづくチッソ社長との交渉を見守る鶴田医師（右端）。この日は建具職人の身でありながら生活保護を受けている岩本公冬さん（左下）の“判決”なみの補償を、という川本さん（中央左）の訴え。S48. 3. 31　チッソ本社内にて

小六のとき、鶴田医師は天草・牛深から熊本市内の小学校に転校している。当時の校長から「ここ（牛深）にいたら大学に行けませんョ」と父（開業医）が勧められたからだ。

休みの日、実家と学校の行き帰り、水俣百間港からのフェリーに乗るたびにドベ（廃水沈殿物）と異様な臭いを体験している。「重症患者」のニュースなども見て「あれが水俣病だったのか」と実感することになる。まさか自分が「水俣病と深くかかわる」とはこのときは思ってもみなかった。

熊大医学部時代、埋もれたままになっていた熊本県の「毛髪水銀調査データー」が明らかになり、水俣の対岸・御所浦に熊大医療チームが一〇年ぶりに住民検診を行なっている。鶴田医師もメンバーに加わり、「魚が売れなくなる」と難色を示す役場と、一〇年間も捨ておかれた村民の怒りとみずからの健康にたいする不安は覆いがたく痛烈な批判と問いかけに出合う。

また、当時（昭和四六（一九七一）年）なにかと批判のあった「認定審査会」の頂点にいた徳臣熊

「認定審査会」の頂点にいた徳臣熊大教授の「権威の壁」を打ち破るために医学部学生100名が研究室を占拠し、「半スト」に入った。医学部時代の鶴田医師。S46. 9. 6　熊大医学部キャンパスにて

大医学部教授の研究室をおよそ一〇〇名の医学部生が占拠。テントを張ってハンスト態勢に入る。鶴田医師も「水俣病行動委員会」の一人として参加している。

熊大医学部は水俣病の原因究明には大きな業績をあげたが、いつのまにか当時の典型的な症状を備えなければ水俣病ではないという「切り捨て」の論理にすり替わってしまっていた。保守的な殻に閉じこもり、自説を頑強に曲げようとしない教授たち。当然、「一斉検診」の必要性も認めないという。いまは「典型症状」の患者の方がむしろ例外で、その底辺には多数の不全型（未認定患者）がみられるのがあたりまえだ。

幸い宮崎医大に一六年勤務し〝教授〟にならず、いまは潤和会記念病院の院長職。古い権威をふりかざす機会はなかった。ある日、八九歳になる母親が言った。「水俣病にかかわってよかったね」と。威張った医者にならずによかったねということだった。

田中睦

ふつうの授業をしている自分が恥ずかしかった

たなか・あつし
元小学校教員、熊本学園大学水俣学現地研究センター。六一歳。

かつての公害授業と豊富な知識を生かし、水俣現地の研究センターに迎えられた。
H24. 7. 8　熊本学園大学水俣現地研究センターにて

初任地が水俣で、「水俣病から逃げ出すわけにはいかない」と公害授業に取組む。S48. 3. 19　袋小学校５年生の「公害授業」にて

政府が水俣病を「公害認定」したのが昭和四三（一九六八）年九月二六日。熊本市の中学校教諭・田中裕一さんは「ここで水俣病を取りあげないと社会科の教師でいる意味がない」と「公害授業」を始める。ところが、これが県議会で問題となり県教育委員会が追及される。そんな時代だった。

同姓の田中睦さんは熊本市出身。初任地が水俣病多発地域（袋地区）だったため、先輩教諭に連れられ、重症患者の胎児性水俣病の上村智子さんを初めて訪ねる。判決の翌年の四月だった。まだ二二歳、ショックだったが、もうこの現実から逃げ出すわけにはいかない。

授業をどう進めていくのか、若いゆえ体育担当とかいろんな係を任される。二年目、少し余裕が生まれ、水俣病と向き合うことができるようになった。

家庭訪問で上村家に行くと智子さんはベッドに寝かされていた。母親の良子さんは話しながら絶えず智子さんの手をさすっている。なにか話さないとと思いながら、しゃべることができ

「公害授業」ということで熊本県内から多くの教師たちが集まっていた。図表の準備や授業の進め方など、ここにいたるまでの準備期間がなつかしいという。S48. 3. 19

なかったのを想い出す。

授業では患者家族の子どもたちが目の前にいるのに、水俣病問題があることに気がついていながら、ふつうの授業をしている自分が恥ずかしかったという。

判決の日（昭和四八年三月二〇日）は県教組が水俣病を中心に据え、水俣・芦北地区で一斉「公害授業」をすると決めていた。以前の「公害教育」がいまでは「環境教育」にすり替わっている。水俣市は年一回、小一から中三まで水俣病関係の授業をすることを決めている。一時間授業をし、感想文を書かせる通り一遍の授業という。差別や人権問題、生命の大切さまで踏み込まないとカタチだけではやらない方がいいという。環境教育がさらに〝環境美化運動〟になっている。一人のたんなる「心がけ」になっている。

水俣病は加害者がいて被害者がいる。差別する側がいて、される者がいる。決して傍観者になってはならない。中立はない。田中先生の話を聞きながら、そんなことを思っていた。

昭和 46 年 10 月下旬以降、水俣では“ビラ合戦”が渦巻いていた。「水俣を明るくする市民連絡協議会」なる患者封じ込めのオール水俣連合ともいえる得体のしれない戦線が結成されエスカレート。よくこれほど集まったものだと思われる人数の集会とデモではマスコミと患者、支援者を批判するプラカードが目立った。S46. 10. 14　水俣市内にて

松岡洋之助

いつもデモの先頭を歩いていた

まつおか・ようのすけ
元ＮＨＫ職員番組制作ディレクター、熊本・水俣病を告発する会。七八歳。

熊本学園大学「70周年」の企画を担当し、客員教授として元ディレクター経験を生かしている。H24. 5. 23　熊本学園大学にて

黒枠の遺影を先頭に、黒い弔旗をはためかせ中心街までデモ行進（松岡さんは左端）。
S45. 5. 20

昭和四八（一九七三）年五月二五日、裁判支援ニュース「告発」四七号に「患者と同行二人」と題して私の最初の写真集『水俣――'68―'72深き淵より』（西日本新聞社）の松岡さんの書評が掲載されている。「……もう患者家族を写真の対象としてとらえるのではなく、いわば『同行二人』ともいうべき関係になっており、写真集の全体を通して流れる優しさは……」。

私は嬉しかった。いままでのどの書評より嬉しかった。これをNHKの職員が書いたことは知っていたが、話しかける機会はなく過ぎ去った四〇年。今回の企画で松岡さんに再会し、お礼を言うことができた。どんなに励みになったことかと――。

松岡さんはいつもデモの先頭を歩く人だった。宮崎から昭和四〇年、熊本に転勤。渡辺京二さん（八二歳・作家／文芸評論家）という「告発」の理論的牽引者の言葉「熊本の地域住民は国家権力と巨大資本に対するもっとも鋭い闘争課題であるべきだ」、この言葉に促され、チッソ水俣工場座り込みに参加する。昭和四四年四月一四日だ

3月20日の判決前、傍聴券を得るため仲間と10日前から並んでいたという松岡さん。判決後、上京し、自主交渉派と訴訟派が合流し、これから「ほんとうの裁き」が始まると言う。
S48. 3. 19　判決前の熊本地裁前にて

った。結局、『告発』の運動は〝京二さんの手のヒラで踊ったようなもの〟。京二さんの闘争だったという。

しかし松岡さんは現役の番組制作ディレクター。テレビに自分の顔が出る。NHK側はいつでもクビにしようと狙っていたが、人徳もあり、実力もあった。NHK会長賞ももらい、人材育成にも実績をあげていた。

熊本に九年在籍したが、決して「水俣の番組は作らなかった」。抗議行動をしていてはとても作れなかった。

宮崎に七年、熊本に九年、踏み絵だったという広島に四年。東京に定年まで一〇年。最後は部長職だった。

定年（六〇歳）から七五歳までフリーのディレクターとしてNHKの子会社（ビデオ）に入り、いつも遺言のつもりで〝水を得た魚のよう〟に働いた。ほんとうに楽しかったという。現在、母校の熊本学園大学の創立七〇周年記念事業にかかわっている。

西弘
西妙子

石牟礼弘先生にあこがれて……

にし・ひろし
教員、水俣病市民会議会員。六一歳で逝去。
にし・たえこ　七三歳。

誠実で誰からも好かれた。患者家族の子どもとじゃれあう西先生。S46. 10. 21　袋小学校の運動会にて

53回の口頭弁論を終え、結審の日（昭和47年10月14日）を迎えた。胎児性患者の上村智子さんを抱いた両親とともに、熊本市民のいたわりの目を受けつつ、静かに行進する（左側が西さん）。S47. 10. 10

私たちは「西先生」と呼んでいた。石牟礼弘さんという石牟礼道子さんのご主人がやはり国語の教師で「弘さん」。区別するために西先生、弘先生と呼んでいた。

西先生は弘先生にあこがれ、尊敬していた。弘先生は「日教組」のバリバリの組合員で、ふだんおとなしくても闘うときはとことん闘う人だった。西先生はその姿に惚れて「水俣病」闘争にものめり込んだ。しかも、西先生は縁あって石牟礼道子さんの妹婿になった。いつもニコニコと、穏和でおとなしい人。人の世話を焼くのが好きで、家事もよく手伝ってくれたと奥さんの妙子さん。義姉でもあり、作家としての石牟礼さんにもあこがれていた。

教師というのはストレスのかかる仕事だという。本人もふつう以上に気配りをする人間で、いろんな面でストレスをひきずっていたのではないか。肺ガンが見つかり、三年半の闘病生活ののち、六一歳で死去。早すぎる死だった。

一貫して障害者教育に情熱を燃やし、胎児性水俣病患者も担当した。家庭では認知症の母親

西弘夫人の妙子さん。私たちは親しみを込めて「たえちゃん」と呼んでいた。H24. 6. 4 水俣市の西さん自宅にて

を一〇年余の介護ののち看取った。こんな優しい人はいなかったと妙子さんは振り返る。水俣病の運動も含めて外の職場と内の家庭で本人のストレスはいかばかりだったのかと想像する。

こんなストレスを抱えながら、楽しみもあった。色川大吉さんたちの不知火総合学術調査団が四年目に入ったころ、案内役や運転手に飽きたらず、「不知火海百年の会」を発念した。市役所の赤崎覚さんの「夜ぶりの話」、チッソ労働者、鬼塚巌さんの「たうちがねの話」など、いわば海辺の生き物の総合調査をする会である。「調査団」は専門家グループ、こちらは素人の仲間同志。

もともと鬼塚さんの「生きものを大事にしよう会」が始まりで、磯に集まる生きもの、魚介類の採り方を名人、上手、一番といわれている人から話を聞く会。赤崎さんの入院で一時頓挫してしまうも、第二次調査団で「水俣現地班」として「不知火海百年の会」として再出発したのだった。輪廻転生を信じて――。

ある日のチッソ工場前の座り込みテント小屋。なんの会議かよくわからなかったが履物がきちんと揃えられているのが印象的だった。S47. 12. 27

吉永利夫

自分は〝支援者〟ではなく〝志願兵〟

よしなが・としお
元水俣病センター相思社職員、ＮＰＯ法人・環不知火プランニング理事長。六二歳。

15 年務めたセンター相思社時代に思いついたアイデアを生かし、NPO 法人「環不知火プランニング」理事長に。水俣病を学習する修学旅行生らを送り込むため、資料館とのつながりも深い。H24. 5. 20　水俣病資料館にて

「一律3千万円」を要求して座り込んだ18人の新認定の患者たち。1年7カ月の長期闘争となった。そのテント補修中の吉永さん（左）と川本輝夫さん（右）。
S47. 7. 1　チッソ工場正面前にて

センター相思社に一五年いて、NPO法人環不知火プランニングを立ちあげる。一言で言えば「水俣病を学習するための修学旅行生を呼び込む仕事」である。

ヒントは相思社時代にあった。よく水俣に生徒を行かせたい、案内をしてくれないかという問合せがあった。こういった依頼は職員がボランティアで対応していた。それをキチンと料金を設定して〝有料化〟したのが始まり。もう一二年になる。

四八五億円の費用と一三年の歳月をかけて水俣湾の水銀封じ込めが一九九〇年に終了。水俣は「環境モデル都市」に認定され、それをアピールしたい水俣市側と思惑が一致する。

水俣市には年間一〇〇〇〇人の修学旅行生、国内外から四〇〇〇人の視察、研修者が水俣病の「いま」を学びにくる。水俣市が勧める資源ゴミの二四分割、リサイクル工場見学など、多くの人びととの出会いをコーディネイト。出水市（鹿児島県）では修学旅行の農家民泊も受けている。

6人の認定申請者が認定されるまでの生活保障を求めて、熊本地裁に仮処分申請。川本さん（左端）の発案で、6月27日に医療費と月2万円の支払いをチッソに命じる。申請者の医療費補助の契機となる（右端が吉永さん）。S49. 3. 13

行政側は水俣湾の「安全宣言」を企図し、各地の裁判紛争もつぎつぎと「和解」に傾き、紛争はもうこりごり――という厭世的な気分が水俣市を中心に蔓延していた。五万人以上の未認定の申請者がいて、ニセ患者発言、偏見、差別も蔓延していた。そんななか、国も県も市も一緒になって水俣を変えていこうという雰囲気だった。「水俣はおもしろい」と魅力を感じてもらう。ほかの人にほめてもらえることで、人も気持ちも変わっていく。金も落としてくれる。そんな思惑があった。

そもそも吉永さんは一九七一年一一月一日、チッソ工場前で、川本輝夫さんたちの自主交渉の座り込みを友人に誘われ訪ねたのが始まり。二〇歳のときだった。車の運転など使い走りの毎日だったが、重宝がられて、患者の助けになっていると感じ、楽しかったという。

結婚して子どもも生まれ、水俣は人が温かく居心地がよかった。自分は支援者ではなく〝志願兵〟と思っている。

1年9カ月に及んだテント小屋をたたむ日がやってきた。東京本社前のテントも同じように撤去され（7月12日）、この日、水俣工場のテント小屋では患者と支援者が記念写真に収まった。S48. 7. 14

加藤二三夫

いつもケツを捲られるような生き方、それしかできない……

かとう・ふみお
元水俣病センター相思社職員。六九歳。

東京・上野駅で30数年ぶりに出会ったときも首にタオルをまいて現われた。そんな姿がもっとも似合う男だった。H22. 1. 10

いざ出荷！　このシメジを見てくれ！　センター相思社のキノコ工場での加藤さん。
S50. 1. 5

加藤さんは六年間水俣に住み〝社長〟と呼ばれながら「侍の家」からセンター相思社に移り、絶えず精神的支柱となっていた。〝大人〟であり、なんとなく頼りになる存在感があった。

〝告発〟発行の「水俣・患者と共に」八九号に〝水俣を去る弁〟が掲載されている。読ませる文章なので一部紹介する。

「水俣とは〝サヨウナラ〟です。六年間の長期に亘り、焼酎漬ばかりの生活を送ってきて、なにものこせないまま〝サヨウナラ〟です。

畑仕事も中途半端、養鶏も計画倒れ、寒漬作りが少々、エノキ工場もこれから苦しいという時にバイバイ。結局、水俣病闘争の深みにはまり切れずに〝ジ・エンド〟ずいぶんと恵まれた六年間であっただけに、それらを全てうち捨てて行くことに心苦しさを感じるのだが〝カンベンシテネ〟。経済的に心配なく、数多くの仲間がいて、焼酎も毎晩好きなだけ飲んで、怪気炎をあげて、明日にでも〝革命〟でも起こせるんじゃないかと思う程、恵まれていた。階級的抑圧と差別を受ける人たちが沢山いて、それを助

湯堂湾の沖合に浮かぶ無人島・恋路島へ患者・家族とともにピクニック。多くの支援者が水俣に集まり、加藤さん（中央）はセンター相思社の中核を担った。S44. 8. 27　恋路島にて

けて闘いを起こそうという人たちがワンサといて、全国からの温かい善意がこれでもか、これでもかと寄せられたのに、何か大きな壁を越えられない思いのする六年間でした。

ここ二、三年人様のフンドシで相撲を取ることのワズラワシサを考えている。ハガユサを考えている。かつての流行語であった〝地獄の底までつき合うか〟と問われ、いえいえとても、とてもと丁重にお断り申し上げますということなのだと思う。」（一九七六年一二月二五号）

彼は〝シャイ〟だったので私のカメラからいつも逃げてばかりいた。ほんとうの水俣は二〇年、三〇年、住んでみないとわからない。自分は自由奔放な気ままな生活しかできなかったという。これも人生だと笑い飛ばした。

福元満治

水俣の患者と出会えて、アフガニスタンに目を向けられた

ふくもと・みつはる
石風社代表、ペシャワール会事務局長、元熊本・水俣病を告発する会。六五歳。著書に『伏流の思考——私のアフガン・ノート』（石風社）がある。

ある日の新聞に載った医師、中村哲氏の記事に感動し、彼の本を自分の出版社から出したいと決心。アフガンを支援する「ペシャワール会」事務局長でもある。
H24. 6. 11　福岡市の石風社にて

水俣病の運動のなかで多くの人との出会いがあり、学ぶことも多かった。それがあったからこそ、いまはアフガンにのめり込んでいられるという。上村良子さんとともに（中央奥が福元さん）。
S48. 7. 12　環境庁前にて

「パクられ役」として福元さんは旧厚生省での「一任派」にたいする「水俣病低額補償処理」を阻止する行動隊だった。一六人が委員会室を占拠、一三人が逮捕され（のちに不起訴）、そのなかの一人に福元さんもいた。

　熊大法文学部時代は大学紛争、「生協問題」で大学側と大衆団交。元々はノンポリで子どもの頃から政治は嫌いでヨットの練習にはまっていたが、熊大の「小さな集い」で水俣病を知り「熊本・告発の会」へ。水俣の杉本家でイリコ漁、ボラ漁、ミカン山の手伝い、初めて「生きている」という充実感を味わいながらの日々を送る。大学は中退したが充分に学ばせてもらったという。「暗河」の編集の手伝いでイロハを学び、福岡の葦《あし》書房で編集を修業し、一九七九年「石風社」を立ち上げる。三人だけの小出版社でおよそ五〇〇冊を出版。三一年が経っていた。

　福元さんは一九八七年、地方紙に載った医師中村哲さんのエッセイに心を揺さぶられる。「中村医師のアフガニスタンの人びととの関係

熊大時代の福元さん。「熊大・水俣病小さな集い」から「熊本・水俣病を告発する会」を経て、出版社「石風社」を立ち上げて31年になる。
S45. 5. 20　熊本地裁前にて

のあり方、その深さに嫉妬した」とのちに述懐する。中村医師が向き合っている現実は、かつて水俣で出会った現実と同じものではないか。「この人の本だけは自分で出したい」と八九年、中村医師の初の著書『ペシャワールにて』を出版する。文字通りアフガニスタンに「深入り」し、福岡での「ペシャワール会」事務局長を引き受ける。中村医師の出版物だけでも『医者、甲水路を拓く』で八冊となる。

中村哲医師は火野葦平の孫。初めて出会ったとき「この人は違う！」と思ったという。本を出すだけでは終わらないだろうと思った。「ペシャワール会」は東京ではなく、福岡に事務局がありながら年間三億円くらい募金をあつめている。その募金で一六〇〇の井戸を掘り、一〇カ所の医院を建て、甲水路もつくる。

中村医師は最悪の治安、自然の猛威を受けるなか、苦楽をともにするアフガン人スタッフ六〇〇人と六〇万農民の命の水をつなぎ続けている。福元さんもまた出版のかたわら中村医師のアフガンの活動を日常的に支え続けている。

「東京⇄水俣……そして祭」と銘打った１万人集会が東京日比谷野外音楽堂で行なわれた。フォーク、ロック、ジャズ、劇が行なわれ、患者や日吉フミコさんの姿も。参加者は１万人には届かなかったが、夜はロウソクを灯して一行はチッソ本社までデモ行進。
S46. 5. 20　日比谷野外音楽堂にて

竹熊宣孝

弟の農薬中毒が医者を志す〝原点〟だった

たけくま・よしたか

一九三四年熊本県生まれ。菊池養生園名誉園長。熊本大学大学院卒（内科学・血液学）。著書に『土からの医療――医・食・農の結合を求めて』（地湧社、第一回熊本日日新聞社出版文化賞受賞）『竹熊宣孝聞書・いのち一番』（安部周二著、西日本新聞社）『土からの教育』（地湧社）などがある。

“さようなら養生説法”と銘打った最後の講話が開かれ「竹熊ファン」の老若男女が聞き入った。
H24. 3. 30　養生園にて

堆肥作りのためと動物から学ぶために飼いはじめた馬（ポニー）に待望の仔馬が生まれた。なぜ動物は出血がすくなく安産ができるのかを考えるという。4人の子どもたちと竹熊先生（右）。S53. 6. 21　養生園にて

竹熊先生とはもう三五年のおつきあいになるだろうか。先生が六市町村の組合立病院に勤めだした二年目の六月ごろ、ユニークな医者がいるということで、ある雑誌の写真撮影に出かけ、お会いした。

とにかく話（養生説法）がおもしろい。「私はヤブ医者とよく言われます（笑）。注射も薬もほとんど使わない。休日は畑を耕し、馬（ポニー）も飼っている。いまはヤブ熊と呼ばれています（笑）。こう呼ばれることを私は誇りに思っています。息子は〝ミスター玄米〟と呼ばれます。弁当に黒い米を持ってくるから（笑）」。

生家は農家で、中三のとき、弟が農薬中毒の洗礼を受ける。薬（ポリドール）のビンを握りしめ村の病院へ。「農薬中毒です！　薬はこれです。なんとかしてください、先生！　治療法はここに書いてあります」。医者に向かって治療法まで指示する子どもに医者はむっとしたが、これが自分の精一杯の行動だった。この体験が医学の道を志した「原点」となる。〝農村医学〟を志ざし「医者は農業に学び、農業は自然に学

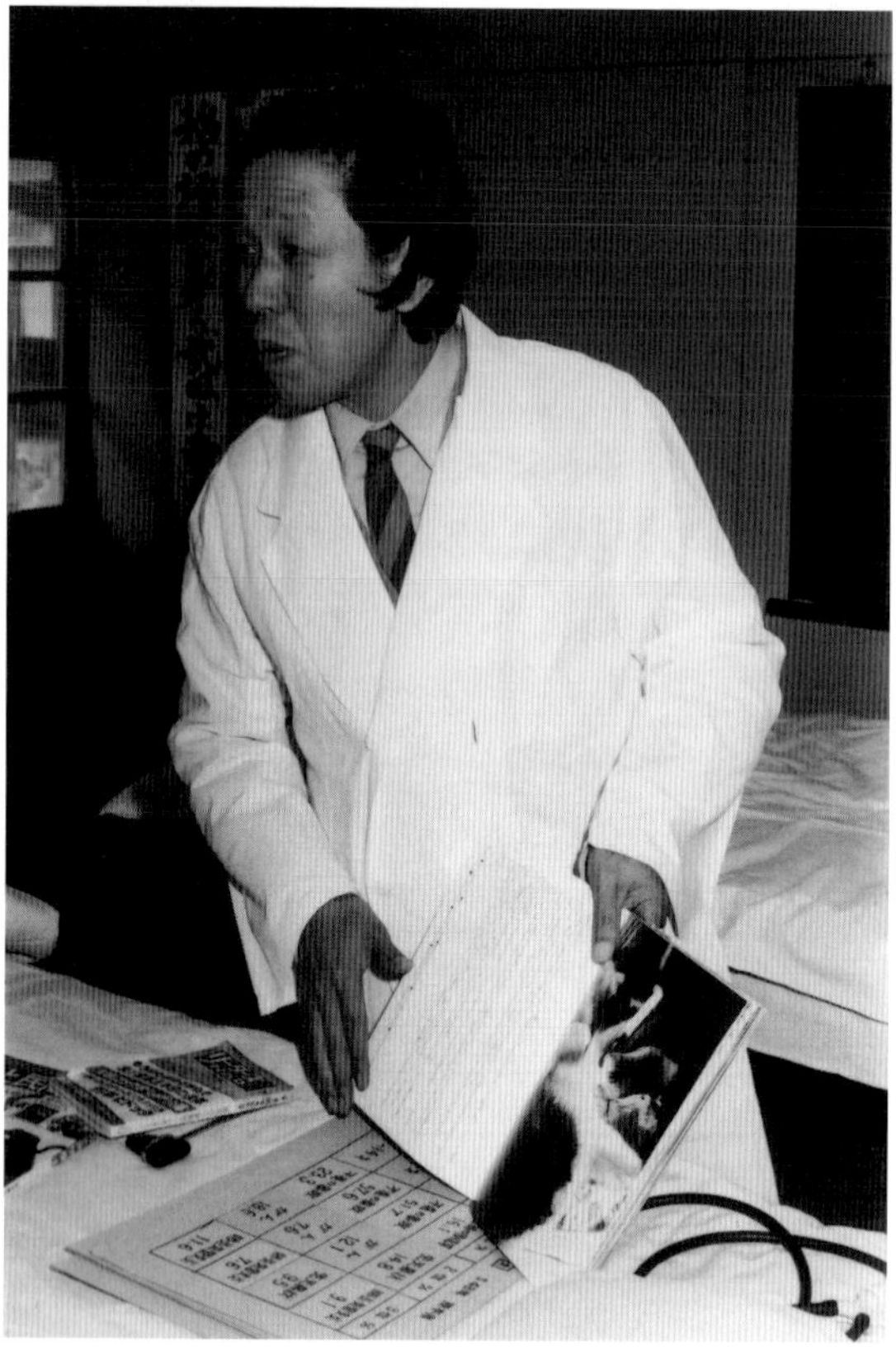

具体的に日常的な例をふんだんに変えて竹熊医師の養生説法はつづく。時も所も人数も関係なく熱がこもる。この日は「サルの奇形」の写真集を手にして。S53. 6. 2

べ、自然こそ名医」と言い切り、ひたすら地域医療を目指した。「草を楽しむと書いて薬。穀物も野菜もみんな草の葉か実か根です。このヤブ医者が食を大切にし、畑を耕し動物を飼うわけがわかるでしょう」。養生説法はいつも具体的である。

原田医師の要請を受けて「食と命」のテーマで水俣市の小中学校、高校の講演を行なっている。とくに水俣高校では水俣病の話であまりにも静まり返った会場で、元気づけるため、「あなたたちは世界に知られた水俣です、世界じゅうに知られているミナマタに誇りをもってください」と呼びかけるとひとりひとりの表情に変化が見られたという。

二〇一二年に亡くなった原田正純医師は熊大医学部の一年先輩。二人の共通点はいつもジャーナリストの〝視点〟をもっていることだ。

魚住道朗

水俣との出会いがいまを支えてくれた

うおずみ・みちお
元水俣巡礼団、有機農業園魚住農園園主。六三歳。

国産のエサにこだわり育てているニワトリ。その卵を手にする魚住さん。右は息子さん（長男）。H24. 9. 6 魚住農園にて

交流会での宴会は、焼酎を飲み、歌い、踊り、終始それは「水俣流」で行なわれた。東京からの巡礼団は酔いつぶれ、激励するはずの者たちが激励されることになった。飲み干された焼酎は二斗５～６升。魚住さんは右から二人目。S45. 7. 9　熊本交通センターホテルにて

四二年前、「東京・水俣病を告発する会」が生まれ、新劇俳優、砂田明さんとともに九人の仲間が水俣に向けて巡礼団として旅立った。

そのなかの一人に魚住さんもいた。そのときも、水俣でときどき会ったときも親しく話す機会はなかったが、彼のいい写真が何枚か残っている。本書は昔の良い写真が残っているのがひとつの条件になっている。私は再会するのを楽しみにしていた。

白髪になっていたが、いい歳をとっているなと思った。茨城の石岡市で有機農法を立ち上げて三五年、子ども四人を育てあげ、夫婦と長男の三人で生活していた。自然のなかに身をおくこと。「そのなかから幸せをいっぱいいただいています」と幸せそうで、安心した。

水俣で出会ったころ、お互いが若く、激しい表情でいたような印象が残っている。

巡礼団の役目を終え、水俣から帰ってすぐ、農大の仲間四人と四年間で有機農法の手応えをつかむ。「これで農業の世直しをしよう」と元気だった。チッソや水俣病にかかわって、肥料

東京からの砂田明巡礼団が熊本に到着。第５回口頭弁論のあと、遺影を手に熊本市内をデモ行進する巡礼姿の魚住さん（右端）。このあと、夜の激励集会に参加し、浄財（67 万円余）を患者たちに手渡した。S45. 7. 10

や農薬を使うわけにはいかなかった。すべて水俣が支えてくれた。

農大の同級生だった美智子さんと結婚し、新規就農者として、まず中古のブルドーザーを買い求め、開拓。廃材を利用して家を建て、井戸も掘り、電機をひき……初めての年から米づくりも。家畜の世話もし、すべてを並行して進めていった。並大抵のことではできない。

やはり、水俣を支援したかつての若者たちが苦労してひとつのものを築いていったこと、そして、いい歳をとっているということ。こんな嬉しいことはない。

ニワトリ六〇〇羽はネラというオランダ産で国産のエサ（米ぬか、小麦、大豆、サケの魚粉）にこだわっている。有機農産物は大地に育つすべての野菜を育てている。農業は奥の深い世界だが「食は命」。その一部を担っていく仕事はやりがいがあるという。

浮嶌末喜

水銀の影響はちょっとぐらいあるでしょう

うきしま・すえき
浮嶌工芸社社長。八一歳。

81歳になったいまも現役の木工職人。月3～4回の山登りで健康維持に努めている。
H24. 11. 24　水俣市丸島の浮嶌工芸社にて

私の実家が代々の大工だったので、幼いころからカンナの削れるあの「シュッシュッ」という音やその木の香りの中で育った。ここを訪ねるのをいつも楽しみにしていた。
H9. 12. 20

水俣市内から山の方に目を向けると「矢筈《はず》岳」（六六七メートル）という小高い山がある。そこへいまも月三、四回、八〇歳の老人が登っている。薬草や季節の花を写真に撮ったり、地層に興味をもったりもする。新聞に季節の花々の写真を投稿したりもする。紙面でときどきお目にかかる。

私が水俣に住み着いた頃、市内の朝日新聞社支局によく出入りしていた。その真向かいに浮嶌工芸社があった。仕事をしながら「なんだろう、この男は？」といつも不思議そうに見られていた。私の実家は大工だったので木工に興味もあり、いつしか立ち話をするようになっていた。もう、ずいぶん長いつきあいとなる。

昭和三六年頃（チッソがネコ実験をしている頃）、天草（大矢野）から花屋をしている兄を頼って水俣に移住し、木工店を開いている。商売をしている関係で、市内が分裂していた安賃闘争（昭和三七（一九六二）年四月）のときも、どちらを応援するということはなかったものの、自然とチッソ第一組合の人びとが立ち寄ることが多

知り合ったころの浮嶌さん。仕事のじゃまにならないように見物しているのが楽しかった。
S45. 8. 11　浮嶌工芸社にて

くなった。第一組合の慰安旅行に誘われることも多かった。

水俣病患者・家族とも一対一のつきあいはなかったものの、仕事を通じてよく出会うことも多かった。「ぐらしかな（かわいそう）」というごく一般的な市民感情はあっても、それが集会やデモあるいはカンパに結びつくことはなかった。

当然、水銀をタレ流した会社が悪いという気持ちをもっていてもそれを口に出して言うことはなかった。私は今回のこの企画でリストのなかに水俣のふつうの市民を一人ぐらい入れたかった。それが浮嶌さんだった。

永年腰をいためている奥さん（七八歳）を支援者の伊東さんを通じて原田正純医師に診てもらったが水俣病の疑いはなかったという。

対岸の天草・大矢野から水俣にきて五一年。いまも現役で三時間ぐらいは仕事をしているという。この仕事で水俣に来てよかったという。「水銀の影響はないですか?」と私。「そりゃーちょっとはあるでしょう」と笑った。

高倉史朗
高橋 昇

水俣はいろいろな可能性を示し、気づかせてくれた

たかくら・しろう
元水俣病センター相思社職員、ガイアみなまた。
六二歳。
たかはし・のぼる
元水俣病センター相思社職員、ガイアみなまた。
六五歳。

二人とも、東京から水俣に来て、およそ40年、水俣病闘争の激しい状況を乗り越え、いまは笑顔でインタヴューに応じてくれた。H24. 11. 24　ガイアみなまたにて

「オクラ」の栽培をするセンター相思社の面々（右端が高橋さん、左端が加藤二三夫さん、その右が中村雄幸さん）。堆肥を創り、畑を借り、なんでも作ろうという、若さだけはあり、模索のときだった。S50. 7. 10

四〇年近く、仕事がない水俣に住みつづけることは至難なことと思える。それが今回の高倉さん、高橋さんである。

高倉さんは宇井純さんの「自主講座」で水俣を知り、東大天文学科を卒業、柳川の伝習館闘争にかかわっていたある教師を訪ねる予定がなぜか熊本まで来てしまい、告発代表の本田先生を訪ねてしまう。そこで水俣病センター相思社を紹介される。

そしていきなり立ちあげたばかりの「キノコ工場」を手伝わされ、毎夜の焼酎三昧、同年代の若者たちとの合宿生活が珍しく、おもしろく、あっという間の一五年間だった。その間、「ニセ患者発言」問題では大きなチッソの犯罪を見逃し、ささいな犯罪を摘発する警察の横暴を、生活学校では相思社の未来像を描き、相思社を中心に見すえた「村」社会を夢みた。甘夏事件では相思社の根幹をゆるがす経験をする。品不足でほかの生産者から低農薬（基準外）の甘夏を仕入れ、自分たちの低農薬とうたったチラシを入れ販売。消費者に前もって連絡しなかった

ニセ患者発言とそれにつづく、患者逮捕に抗議して水俣市内をデモ行進（右端で横断幕を持つ高倉さん)。S50. 11. 9

大きなミス。なにも弁明できなかった。誰もが忙しく、全体を把握し責任を担う人間がいなかったことがいちばんの原因だった。

理事長以下全員が辞任。新しいメンバーで再スタートをする。

「ガイアみなまた」を仲間九人で立ち上げ再出発。「ガイア」とは大地の女神。地球全体の生命のつながりを指すという。「きばる」という低農薬の甘夏ミカンの生産者団体の甘夏ミカンを販売することが主な仕事。もう二二年になる。

そのなかの一人高橋さんは東京出身。明治大学（三年で中退）時代、新聞配達のアルバイトをしていた後輩が柳田さん（相思社世話人）。声をかけられ水俣へ。土本映画やユージン・スミスの写真展に二年ほどかかわり、相思社職員に。いまはみずからも一ha（約三〇トン）の甘夏を一人で栽培している。毎日が忙しく、逃げ出したくても逃げられなかった三七年間だった。

患者同盟の新年会会場に集まった患者・家族と支援者たち。すでに鬼籍に入った患者、支援者、水俣を去った人、いまも水俣で活躍している人びと、なつかしい顔ぶれに癒される。
S50. 1　センター相思社にて

伊東紀美代

「支援者」と呼ばれる「最初の人」

いとう・きみよ
ほたるの家、患者互助会事務局。七一歳。

胎児性患者やその家族、支援者が集い、食事をし、悩みごと、情報交換など「同じ仲間」として気晴らしをする場が「ほたるの家」。患者とともに昼食をとる伊東さん（中央）、左は坂本輝喜さん。入院先から週３回、このほたるの家にやってくる（右は生駒秀夫さん）。H24. 5. 1　ほたるの家にて

ある日の第一小学校の運動会で胎児性患者半永一光君のそばにつき沿っている伊東さん。このように彼女はいつも患者のそばにいる。患者・家族の側からみればなんとも心強いことか。
S44. 10. 15　水俣市第一小学校にて

チッソ水俣工場と向かいあったJR水俣駅構内で東京へ行こうか、行くまいか、キップを片手にオロオロしている石牟礼道子さんの側でニッコリ微笑んでいる女性《ひと》がいた。「イトーさんといって福岡から来た女性《ひと》です。患者さんのなにか手伝いがしたいということで……」と紹介される。昭和四四（一九六九）年の秋ごろだったと思う。

こんな律儀な人がいるものなのかと感心した記憶がある。当時、「ボランティア」「支援者」という言葉はなかった。水俣に住みつき「支援者」と呼ばれる最初の人となった。のちの「未認定問題」追及の中心的存在となる。

早稲田大学時代、六〇年安保も経験し、『苦海浄土』も読み、毎月送られてくる「告発」も読み、少額の「見舞金契約」で終わったあの患者たちは「いま、どうしているのか」、つねに頭にあったという。悲惨な状況下で痛めつけられ、無視される人たちへの共感を自分の問題として考えられる女性《ひと》、やがて水俣に――。

昭和四六年、「行政不服審査請求」を経て、

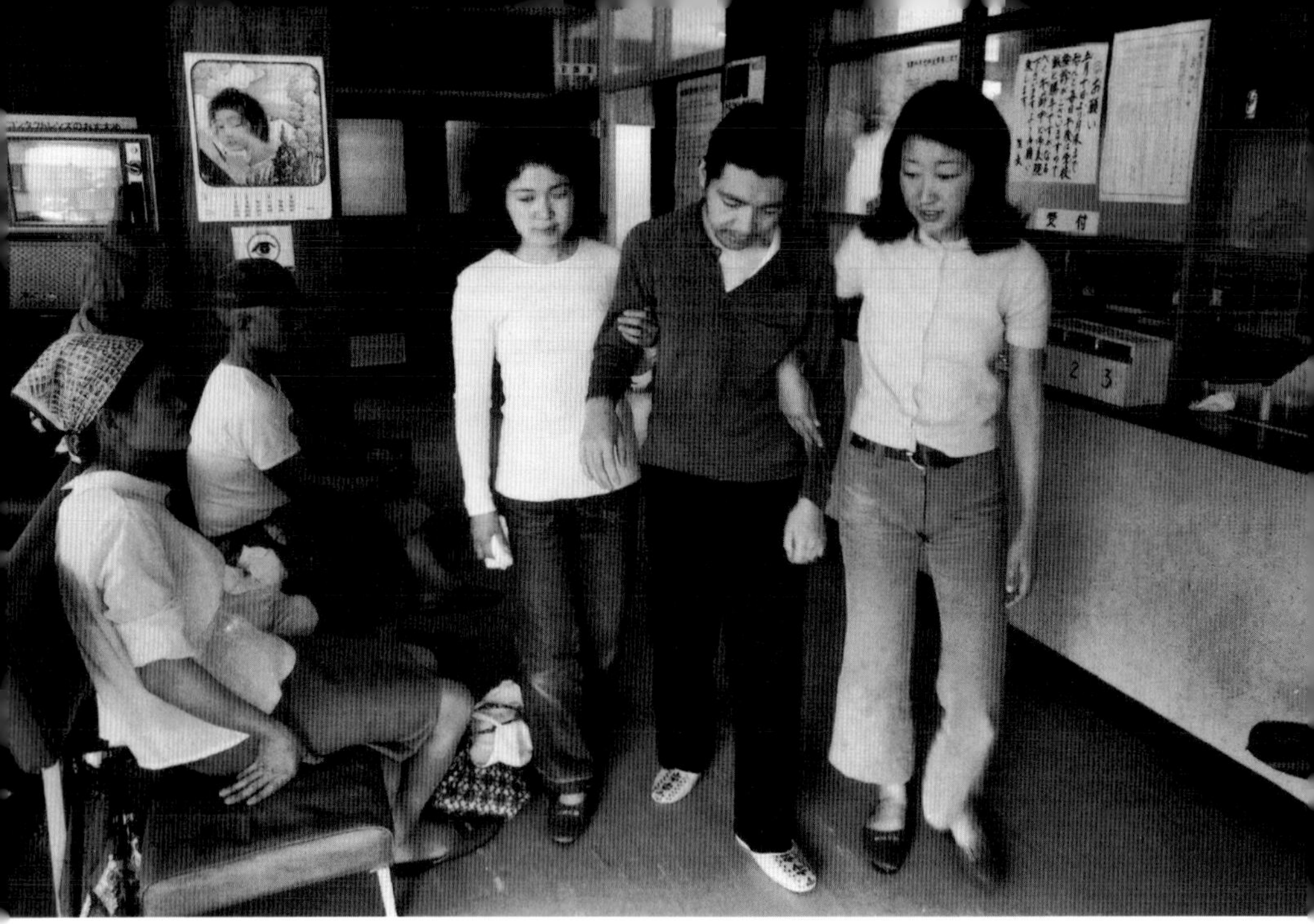

治る見込みのない（まったく見えていない）眼科に連れて行かれた松田富冶さん（23歳）。
水俣病の定期検診のため行かざるをえない（左が伊東さん、右は塩田弘美）。S47. 8. 2

一八人のいわゆる「新認定患者」が認定される。「ムリヤリ認定された、本当かどうか疑わしい患者」として、のちの「ニセ患者発言」問題につづいて連動していく。巷にある水俣病にたいする悪しき偏見の始まりはこのころからだと私は考えている。

これにたいして水俣に他所《よそ》から来て住みついた彼女は激しい怒りをぶつける。「水俣病を公害などと言ってほしくない。魚を、貝を、鳥を、ネコを、浜辺の小さな生き物を、そして本来的に自然の恵みの中で生きることを許された人びとを、すべて殺すことを知りつつ殺しつづけた、比類ない犯罪である」と。

いま、患者・家族、支援者仲間が集っての「ほたるの家」の運営に携わっている。将来的には住みなれた家に住んで、家庭を守りながらのグループホームを目指している。そして、患者たちを大切に思う人、敬意をもって理解ができる人を育てていこうともしている。

自主交渉支援市民集会にあらゆる団体が集まってきた。原子力船「むつ」廃船のプラカードに混じって「怨」の黒旗がひときわ目立つ。「むつ」は昭和 49 年９月１日、試験航行中に放射能漏れを起こし、「むつ」の母港である大湊港に帰れず、佐世保でも反対にあい、帰る港を失って漂白していた。政府が水俣病を「公害認定」した年でもあり、平成４年ついに原子炉が撤去され、廃船となる。水俣病が歩んだ歴史と重なる部分も多い。S47. 2. 19　虎ノ門にて

谷洋一

チッソも東電も被害者の声をもっと聴くべきだ

たに・よういち
水俣病被害者互助会事務局。六五歳。

いまもつづく、胎児性・小児生世代の訴訟（平成 19 年 10 月提訴）。左端は谷さん、右は原告の佐藤英樹さん夫婦。いままで第一次訴訟をはじめ、多くの訴訟にかかわってきた谷さん。この国のありよう（救済）は原発でも水俣病でも被害者みずからが闘わねばならない。H24. 10. 22　熊本地裁前にて

谷さんと坂本しのぶさん。チッソとの補償協定調印が終わり、東京テントにつづき水俣のテントも昭和48年7月14日に撤収された。
S47. 7. 31　チッソ水俣工場テント前にて

「なぜ水俣病問題は解決しないのか？」全員死ぬまで待てというのか。谷洋一さんの苦渋に満ちた顔を見るたびに思う。私が水俣病にかかわって（初めて写真を撮って）からも四五年。何度か「水俣病は終わった」とされてきた。「見舞金契約」もすでに終わり、政府が「公害認定」したのも、私が訪れた翌年だった。患者たちは一任派と訴訟派に分裂し、訴訟派は昭和四四（一九六九）年六月一四日提訴。一任派は補償処理委員会に一任し、昭和四五年五月二七日に調印している。「分裂」したと聞いたとき「このままでは水俣病は終わらない」「水俣病は再び病み始めた」と思った。終わろうハズがない。権力のある者が、都合のいいように（力のない）患者たちを操作することに終始してきた。

　東日本大震災があり、原発事故が起こってから二年近く。「水俣の教訓」が叫ばれて久しい。水俣も東北も事実が明らかにされることなく、水俣以上に「原子力」ということで複雑化し、総体として事実の把握が難しくなっている。

　最後に谷さんにご登場願ったのもこのことに

恥ずかしそうに谷さんになにかプレゼントを渡す坂本しのぶさん。
S47. 10. 6　チッソ工場座り込みテント前にて

尽きる。彼は原発事故後、支援物資を届け、何回も足を運んで被災者支援に奔走している。

事故当時、テレビも新聞もあったが、放射線量の情報は地元の住民に届いていなかった。水俣も危険性が充分知らされないまま、住民は魚を食べつづけた。もっと早期に漁獲禁止を徹底しておれば汚染の広がりはなかった。最初の適切な対応の遅れが被害を拡大した。水俣も原発も同じ、汚染でのデータを秘匿し、部分的で、経験を共有していないという。水俣病の本質的な解決なくして、原発事故の解決はない。加害と被害の両面を検証してこそ再発防止になる。水俣の場合も本当の被害実態がわからないまま加害者がいつもまにか勝手に賠償基準を決めている。被害者側の声をもっと反映させるべきだ。被害者側の主導による検診を訴え、東電との直接交渉なども訴え、これからも東北に通い交流をつづけたいという。

水俣病関連年表

■一九〇八（明治四一）年　日本窒素肥料株式会社、石灰窒素生産開始。

■一九一二（明治四五）年　水俣村、水俣町になる。

■一九三二（昭和七）年　水俣工場でアセトアルデヒド酢酸製造開始。

■一九四〇（昭和一五）年　アセトアルデヒド、戦前の最大生産量九〇〇〇トンを超える。

■一九四一（昭和一六）年　塩化ビニール製造開始。

■一九四三（昭和一八）年　一月一〇日、水俣工場、被害漁場を一五万二五〇〇円で買い上げる。

■一九四五（昭和二〇）年　水俣工場、爆撃により破壊、生産中止。日窒、海外資産を失う。

■一九四六（昭和二一）年　二月、水俣工場、アセトアルデヒド酢酸生産再開。

■一九四九（昭和二四）年　水俣市制施行。

■一九五〇（昭和二五）年　一月、新日本窒素肥料として再発足（企業再建整備法により）。

■一九五一（昭和二六）年　八月二二日、カーバイド残渣、パイプで八幡に送られ始める。

一九五二（昭和二七）年　九月、アセトアルデヒド生産能力大幅増強。（このころ、水俣湾周辺の漁場破壊が進み、猫の奇病多発。）

■一九五三（昭和二八）年　**一二月、溝口トヨ子発症、のちに水俣病認定患者第一号とされる。**

■一九五四（昭和二九）年　七月一三日、水俣工場と水俣漁協、毎年四〇万円の補償金で廃水・廃棄物の排出を認める契約を結ぶ。八月一日、水俣市茂道の猫全滅の新聞報道。（この年から翌年にかけて水俣病患者つぎつぎと発生。病名は不明）

■一九五六（昭和三一）年　**五月一日、チッソ付属病院・細川一医師水俣保健所に、原因不明の神経疾患児続発を報告。水俣病公式確認。五月、山下善寛、新日窒入社。**五月二八日、水俣市奇病対策委員会発足。八月二四日、熊本大学奇病研究班発足。患者五人を熊大病院に学用入院させる。一一月三日、熊大研究班中間報告。伝染病を否定し、奇病は水俣湾産魚介類による重金属中毒、その由来は工場排水と示唆。マンガンを疑う。一一月二七日〜二八日、厚生科学研究班現地調査、工場排水を疑う。

■一九五七（昭和三二）年　一月一七日、水俣漁協、工場に汚悪水放流停止を申し入れる。二月二六日、熊大研究班、水俣湾にかんして漁獲禁止か食品衛生法適用が必要と確認。三月四日、熊本県水俣奇病対策連絡会、原因不明なので法適用はせず漁自粛の方針を決め、奇病と水俣工場とは無関係という自粛指導。**四月、岡本達明、新日窒入社。**七月二三日、熊本県水俣奇病対策連絡会、水俣湾への食品衛生法適用を決める。八月一六日、熊本県衛生部長、厚生省公衆衛生局に食品衛生法適用について照会。**八月、水俣病罹災者互助会（のち水俣病患者家庭互助会）発足。**九月一一日、厚生省、公衆衛生局、水俣湾への食品衛生法適用は困難と回答。

■一九五八（昭和三三）年　六月二四日、参議院社会労働委員会で尾村偉久厚生省環境衛生部長、水俣病の発生源は水俣工場と名指しする。七月七日、厚生公衆衛生局、関係省庁・自治体に通知、水俣の原因は水俣工場として対策をうながす。チッソ・通産省反発。八月二日、水俣工場排水管理委員会、アセトアルデヒド酢酸排水排出先を水俣湾から水俣川河口・八幡プールに変更することを提案、**細川医師「人体実験になります**

よ」と窒素幹部に警告している。九月から実施。被害拡大へ。九月二六日、熊大研究班会議で武内忠男第二病理教授、水俣病は有機水銀によるものと初めて提起。

■一九五九（昭和三四）年　二月一七日、厚生省食品衛生調査会のなかに水俣食中毒部会設置。四月二四日、水俣川河口を漁場とする中村末義が水俣病と診定され、被害地域の拡大が問題化する。**七月二一日、細川一医師、猫四〇〇号実験を始める。七月二二日、水俣食中毒部会（熊大研究班）、有機水銀説を公表。**八月六日、水俣市漁協、水俣工場の正門突破、要求書を手渡し、以後八月二六日の妥結まで「第一次水俣漁民補償要求闘争」つづく。九月二三日、水俣市北隣の津奈木村で患者発生、津奈木の漁停止状態となる。**一〇月六日、新日窒病院での「猫四〇〇号」発症する。**一〇月一七日、不知火海漁民総決起大会、水俣工場の操業停止などを決議。**一〇月、石牟礼道子、市立病院で水俣病患者と出会う。**一〇月二一日、秋山軽工業局長、吉岡喜一社長に八幡への排水を水俣湾に戻せと指示。一一月二日、国会調査団、水俣を視察。不知火海沿岸漁民、操業中止を求めて、工場に乱入。警官隊と衝突。一一月一二日、食品衛生調査会、有機水銀説答申を決定。ただし工場排水との関連は不明とする。一一月一三日、池田勇人通産大臣閣議で、原因を水銀とするのは時期尚早と発言、答申は棚上げとなり、水俣食中毒部会解散される。一一月二八日、水俣病患者家庭互助会、補償を求めて水俣工場正面前に座り込む。一二月一八日、会社と漁民、斡旋案を受諾。一二月二四日、水俣工場でサイクレーター竣工式挙行。試験運転で水銀除去不十分とわかる。**一二月三〇日、会社と患者互助会、いわゆる「見舞金契約」に調印。水俣病認定制度スタート。**

■一九六〇（昭和三五）年　一月二五日、アセトアルデヒド廃水、サイクレーター排泥とともに八幡甲区プールに送られ始める。二月三日、診査協議会発足、患者四人を新たに認定、本人申請などを申し合わせる。「新患発生」がサイクレーターの効果を疑わせる結果となる。二月一七日、水俣市漁協、会社に水俣病被害にかんする補償を要求、会社拒否。座り込み。第二次補償要求闘争。四月一二日、清浦雷作東工大教授、アミン説を発表、承認されず。四月一七日、日本精神神経学会・水俣病シンポジウム（久留米大学）で熊大研究班、有機水銀説を報告。七月から八月、熊大第一内科による水俣病多発地区での住民検診行なわれる。八月二四日、細川と市川正技術部長によるＨＩ液（精ドレーン）投与猫実験開始、以後翌年初めにかけて七匹の猫が発症する。九月二九日、清浦雷作がアセトアルデヒド廃水はサイクレーターを通っていないことを暴露。その事実は公表されず。一〇月一八日、熊本県衛生部、関係保健所に沿岸住民毛髪調査について通知。一〇月二五日、会社と水俣市漁協、補償契約締結。会社と熊本県、漁協に八幡沖一〇万坪の埋立て権を一〇〇〇万円で譲渡させる。一一月四日、水俣病患者診査協議会、住民検診の結果として三人を水俣病と認定。以後「水俣病の発生は昭和三五年一〇月で終わった」とされる。（この年水俣工場のアセトアルデヒド生産量、四万五二四四・七トン最大になる。）

■一九六一（昭和三六）年　五月、熊本県衛生研究所「水俣病に関する毛髪中の水銀量の調査・第一報」不知火海一円の汚染を証明。一般に摂取される魚介類の水銀汚染度が高まっている可能性を示唆。**七月、熊大原田医師、初めて立津教授と水俣を訪れる。**八月七日、診査協議会、死亡・解剖された「脳性マヒ」患児一人だけを水俣病と認定（公式確認）。

■一九六二（昭和三七）年　四月、いわゆる「安賃闘争」労組分裂へ。水俣工場で安定賃金をめぐる争議始まる。五月、熊本県衛生研究所「水俣病に関する毛髪中の水銀量の調査・第二報」汚染源がまったく除去されたものではないと指摘。**五月、熊大神経精神科・原田正純医師、脳性マ**

ヒ児の調査研究にとりかかる。九月一五日、脳性マヒ患児二人目死亡。**一一月二五日、熊本医学会で武内忠男ら「死亡患児は病理所見から水俣病」と、原田正純、「患児一六人は同一原因による同一疾患・水俣病」と発表。**一一月二九日、水俣病患者診査会、脳性マヒ患児は水俣病と認定。

■一九六三（昭和三八）年　三月、熊大第一内科・徳臣晴比古ら「水俣病の疫学」を『精神研究の進歩』に発表。水俣病は昭和三五年で終息したようだと記述。三月、熊本県、不知火海沿岸住民毛髪水銀調査打切りを決める。五月、熊本県衛生研究所「水俣病に関する毛髪中の水銀量の調査・第三報」公表。「汚染源の汚染度は、全く終息したものとは思われぬ」と総括。**一一月、三井三池炭鉱大爆発。死者四五八人、Co中毒八三九人。松尾蕙虹の夫も被災。二六年間裁判を闘う。**

■一九六四（昭和三九）年　**三月一日、宇井純、水俣工場で「細川ノート」の存在を発見。**三月二八日、水俣病患者審査会、六人の患児を水俣病と認定、認定患者一一一人となる。以後五年、患者の診査はされず。五月、水俣漁協、漁獲禁止を解除。

■一九六五（昭和四〇）年　一月一日、新日本窒素、チッソに社名変更。**四月、原田医師「先天性（胎児性水俣病）の臨床的疫学的研究で日本精神神経学会賞受賞。**五月三一日、新潟大学・椿忠雄、新潟県に有機水銀中毒患者発生を報告。以後新潟県、新潟大学とともに調査・対策にあたる。**七月、宇井純・細川一、新潟水俣病を調査。**

■一九六六（昭和四一）年　三月、熊大研究班、『水俣病——有機水銀中毒に関する研究』いわゆる赤本を公刊。六月、チッソ水俣工場、アルデヒド廃水を循環式に改良。水銀排出とまる。

■一九六七（昭和四二）年四月七日、新潟水銀中毒事件特別研究班、厚生省に第二水俣病とする報告書を提出。**六月一二日、新潟水俣病「被災者の会」昭和電工に損害賠償を求めて提訴。松本勉、新潟の坂東弁護士に水俣も「訴訟」したいとハガキを出す。八月、著者（塩田）沖縄の帰途、初めて水俣へ。**

■一九六八（昭和四三）年　**一月、新潟被災の会、水俣の被害者と交流。水俣病対策市民会議（会長日吉フミコ、事務局長松本勉、のちに水俣病市民会議と改称）発足。新潟の坂東弁護士、初めて水俣へ患者と交流を深め水俣訴訟のきっかけをつくる。**五月、水俣工場、アセトアルデヒド製造設備廃止。**八月、宮澤信雄、初めて水俣取材。チッソ第一労組が患者支援決議、いわゆる「恥宣言」。**九月二六日、政府、水俣病に関する見解発表、いわゆる「公害認定」。熊本市内の中学校社会科教師、初めて授業で「水俣病」をとりあげる。

■一九六九（昭和四四）年　**一月二八日、石牟礼道子『苦海浄土』刊行。「熊本・水俣病を告発する会」発足、代表・本田啓吉。**四月五日、水俣病患者家庭互助会、一任派と訴訟派に分裂。四月二五日、水俣病補償処理委員会発足。五月二九日、水俣病患者審査会、二〇人を診査、五人を水俣病と認定。六月一四日、患者家庭互助会二九世帯・一一二人、チッソを相手どり損害賠償訴訟を起こす（熊本水俣病第一次訴訟）。六月二五日、裁判支援ニュース「告発」発刊。全国に広がる。**九月、著者、伊東紀美代さんと出会う。**九月、水俣病研究会発足。一〇月、第一回口頭弁論で胎児性患者・智子さん法廷外へ出される。**この日、堀田静穂も法廷内に。一一月一一日、著者が初めて撮影した胎児性患者・田中敏昌（一三歳）逝去。**一二月一五日、「公害に係る健康被害の救済に関する特別措置法」公布（施行は翌年二月一日）。一二月二七日、救済法にもとづく公害被害者認定審査会発足（会長徳臣晴比古）。

■一九七〇（昭和四五）年　**三月、富樫貞夫らの水俣病訴訟における「理論武装」完成。五月一日、著者、東京から水俣に移住。**五月二五日、水保病補償処理委員会、見舞金契約の手直しとしての斡旋案を提示。**「処理案反対」で旧厚生省に一六人座り込み、一三人が逮捕。そのなかに、宇井純、土本典昭、福元満治らもいた。**一任派代表、二七日に調印。**五月、「一株運動」を後藤弁護士初めて提唱。**五月二七日、チッソ第一組合、労働史上初の八時間の「公害スト」。六月一九日、認定審査会三二人を審査、五人認定、保留一六人、否定一一人。**六月二八日、「東京・水俣病を告発する会」発足。砂田明、一〇人の仲間（川島宏知、白木喜一郎、魚住道郎、岩瀬政夫）と水俣へ向けて巡礼団結成。七月四日、細川一臨床尋問、猫四〇〇号実験などについて証言。七月六日、土本映画「水俣」撮影開始。**八月一八日、水俣病を否定された川本輝夫ら九人、厚生省に行政不服審査を請求。**一〇月一二日、宇井純の「自主講座」始まる。松根（旧姓樋口）恵子、初めて水俣へ。胎児性患者・上村智子に出会う。一〇月一三日、細川一、逝去。**一一月二八日、チッソ株主総会に訴訟派患者乗り込み、江頭豊社長と対決。

■一九七一（昭和四六）年　**四月一一日、宮澤信雄、熊本県衛生部の沿岸住民二七〇〇人余の「毛髪水銀データー」を探し出す。**四月二二日、認定審査会、保留患者一三人を水俣病と認定。以後審査申請増え始める。六月、熊本大学一〇年後の水俣病研究班、いわゆる第二次水俣病研究班発足。七月一日、環境庁発足。行政不服審査を厚生省から引き継ぐ。八月七日、環境庁、川本輝夫らの棄却処分を取り消し、一八人認定。有機水銀の影響が否定できない場合は水俣病とするという、いわゆる「四六年判断条件」を通知。いわゆる「新認定患者」。八月〜九月、第二次研究班、水俣市患者多発地区と天草・御所浦、対照・有明町を調査。**ユージン・スミスとアイリーン、著者と初めて水俣へ。田中実子さん宅を案内。**九月二九日、新潟水俣病裁判判決、原告勝訴。昭和電工控訴せず。**九月、有馬澄雄、宇井純とともに初めて細川一博士を訪ねる。**一〇月一一日、新認定の川本ら補償を求める直接交渉、チッソ拒否。**熊大医学部学生一〇〇人が徳臣研究室を占拠。鶴田医師も参加。一一月一日、工場正門前に座り込み。このとき、吉永利夫も参加。一二月八日、自主交渉を求める患者・支援者らチッソ本社に乗り込む。当時、横浜の高校二年生の島崎敦子も炊き出しで参加。日本女子大生の坂本（旧姓原）昭子の姿も。以後一年七ヵ月にわたって自主交渉闘争つづく。**

■一九七二（昭和四七年）　**一月、チッソ五井工場従業員ら、川本輝夫、ユージン・スミスらに集団暴行、立件されず。四月、巡礼団の岩瀬政夫、定時制教員として伊豆大島に移住。**四月一八日、第二期認定審査会、いわゆる武内審査会発足。**六月五日、ストックホルム国連人間環境会議のNGO集会に宇井純、土本典昭ら、患者と出席。日本側通訳としてA・カーター、著者も。**七月、現地尋問始まる。**一二月一〇日、馬場昇、衆議院議員にトップ当選。**一二月二七日、東京地検、川本輝夫をチッソ社員への傷害罪で起訴。

■一九七三（昭和四八）年　一月二〇日、新認定・未認定患者四四人とその家族ら、チッソを相手どり提訴。いわゆる熊本第二次訴訟。**三月一日、著者、写真報告『水俣―'68―'72 深き淵より』（西日本新聞社）刊行。**三月二〇日、熊本水俣病裁判（一次訴訟）原告勝訴判決。以後、認定申請急増する。**県教組が水俣病の一斉授業を決める。水俣袋小学校の教員・田中睦も参加。**三月二二日、水俣病裁判原告ら、今後の生活保障を求めてチッソ本社で訴訟派と自主交渉派が交渉。いわゆる「水俣病東京交渉」。五月二二日、朝日新聞、有明海に第三水俣病（疑わしい患者一〇人など）と報道、いわゆる第三水俣病事件が起こり、全国に水銀パニックがひろがる。五月三〇日、厚生省、魚介類の水銀にかんする専門家会議を招集、水銀パニック沈静化をはかる。六月二一日、環境庁の有明海周辺住民の健康調査検討委員会（黒岩義五郎委員長）発足。六月二四日、厚生省、魚介類の水銀暫定基準（総水銀〇・四、メチル水銀〇・三ＰＰＭ）を判定。七月九日、各患者団体・チッソ、補償協定（判決並の補償金と生活保障など）に調印（被害者の会の調印は一二月）。**七月一〇日、石牟礼道子、カンパのため共著『不知火海——水俣・終りなきたたかい』（創樹社）刊行。**

■一九七四（昭和四九）年　二月二二日、水俣病認定業務促進検討委員会（黒岩義五郎会長）発足。三月一三日、未認定患者八木しず子らについて当面の医療・生活費をチッソに支払わせる仮処分を熊本地裁に申請。六月二七日、うち二人について仮処分決定。四月、熊本県審査会任期切れのまま空白となる。**四月二五日、センター相思社設立。世話人・柳田耕一らも参加。**六月七日、環境庁水銀汚染調査検討委員会健康調査分科会、有明町の残る八人をシロと結論。七月〜八月、認定業務促進検討委員会が企画した集中検診実施。患者らデタラメ検診と反発・抗議。八月一日、水俣湾堆積汚泥処理技術検討委員会、水俣湾の一部埋立てなどを結論。九月一日、公害健康被害補償法施行。一一月一日、公害健康被害補償法にもとづく審査会発足、審査に至らず。一二月一三日、水俣病認定申請患者協議会、認定審査の遅れにかんして熊本県の不作為違法認定訴訟提起。

■一九七五（昭和五〇）年　一月一三日、東京地裁、川本輝夫に有罪判決。水俣病患者らチッソ歴代幹部を殺人・傷害罪で告訴。五月二三日、熊本県審査会一四ヵ月ぶりに再開。八月七日、熊本県議会公害対策特別委員環境庁に陳情、ニセ患者が申請と発言（このころ、いわゆる「ニセ患者」キャンペーンしきりとなる）。**申請者二人（緒方正人、坂本登）と支援者二人（中村雄幸、森山博）逮捕される。**

■一九七六（昭和五一）年　**一月三一日、不知火海総合学術調査団（代表・色川大吉）発足。**五月四日、熊本地検、チッソの吉岡喜一元社長・西田栄一元工場長を業務上過失致死傷罪で起訴。

■一九七七（昭和五二）年　六月一四日、東京高裁、川本の起訴は公訴権乱用として公訴棄却判決。七月一日、環境庁「後天性水俣病の判断条件について」いわゆる五二年判断条件を通知、四六年判断条件から、症状の組合わせを重視したものに変更。**七月三〇日、土本典昭「巡海映画会」と銘打って不知火海沿岸で上映活動。このとき西山正啓（現監督）、スタッフとして初参加。**一〇月、ヘドロ処理着工。**胎児性患者上村智子逝去。**

■一九七八（昭和五三）年　一月一九日、澤田一精熊本県知事、補償のための県債発行の意向表明。七月三日、環境庁「水俣病の認定に係る業務の促進について」で、認定申請者の対処を急ぐことを通知。**一〇月一五日、ユージン・スミス逝去。**一一月八日、御手洗鯛右ら水俣病棄却処分取り消しを求める行政訴訟提訴。一二月一五日、認定遅れによる損害賠償（待たせ賃）訴訟提訴。一二月二〇日、熊本県議会、チッソ支援の県債発行を認める。五三年上半期分三三億五〇〇〇万円など。以後、補償以外にもヘドロ処理費用などの県債発行つづく。

■一九七九（昭和五四）年　**米スリーマイル島原発事故でアイリーン・スミス現地取材。**三月二二日、水俣病刑事裁判、吉岡、西田に禁固二年執行猶予三年の判決。被告控訴。三月二八日、熊本二次訴訟判決。原告一四人中一二人を水俣病と認める。**四月、センター相思社、医療部門で「養生所」を開設、堀田、遠藤らもかかわる。**

■一九八〇（昭和五五）年　三月、いわゆるニセ患者発言に発展した「謀圧事件」の四人に有罪判決。五月二一日、未認定患者ら熊本地裁に、チッソ・国・熊本県にたいする損害賠償請求訴訟を起こす。熊本第三次訴訟。一二月一七日、最高裁、検察の上告棄却、川本にかんする公訴棄却判決確定。

■一九八一（昭和五七）年　六月二一日、新潟第二次訴訟、昭和電工と国を相手どり提訴。一〇月二八日、チッソ水俣病関西訴訟提訴。

■一九八三（昭和五八）年　三月、水俣湾のヘドロ浚渫《しゅんせつ》始まる。四月、川本輝夫、水俣市議初当選。七月二〇日、待たせ賃訴訟原告勝訴判決、熊本県に二八二七万円の支払いを命じる。

■一九八四（昭和五九）年　五月二日、東京訴訟提訴。

■一九八五（昭和六〇）年　八月一六日、熊本二次訴訟二審判決。福岡高裁、五二年判断条件を被害者救済には厳しすぎると批判。一一月二八日、京都訴訟提訴。一一月二九日、待たせ賃訴訟二審判決、原告患者勝訴、県上告。一二月、緒方正人、認定申請取り下げ。

■一九八六（昭和六一）年　三月二七日、水俣病棄却処分取り消し訴訟判決、原告四人全員勝訴、熊本県控訴。七月一日、環境庁、特別医療事業発足させる。棄却者で別原因で説明できない感覚障害がある人に医療費自己負担分を支給する、ただし再認定申請しないことが条件。

■一九八七（昭和六二）年　一月、緒方正人、認定申請を取り下げ、チッソ社長に直接問いかける行動に入る。三月三〇日、熊本三次訴訟一陣判決、国・県の責任を認める。国・県控訴二審へ。一二月、チッソ工場前で緒方正人、一人だけの座り込み。

■一九八九（平成元）年　六月、全国連、熊本県に被害者の即時全面救済（和解）について交渉申し入れ。六月、センター相思社の「甘夏事件」、表面化。九月一日、熊本県と全国連との話し合い始まる。一一月二一日、水俣病患者連合結成（水俣病認定申請患者協議会と水俣病チッソ交渉団が合併）。認定制度・補償協定によらない救済案を県に提案。

■一九九〇（平成二）年　一月一五日、全国連総会、年内決着をめざし裁判所の和解勧告を求める方針を決定。三月二九日、全国連、東京地裁と熊本地裁に解決勧告要請書提出。三月三一日、水俣湾ヘドロ処理事業終了。九月二八日、東京地裁、原告被告双方に和解勧告、以後、各裁判所和解勧告を出す。一〇月一五日、細川熊本県知事、東京地裁に勧告受諾を正式に通知。一〇月二九日、水俣病関係閣僚会議、国は水俣病に責任なしと見解まとめる。（このことから、認定制度にかわる救済策が言われ始める）一二月二一日、福岡高裁和解協議開始、以後、東京、熊本地裁でも始まる。

■一九九一（平成三）年　**一月一三日、赤崎覚、逝去。**四月二六日、最高裁、待たせ賃訴訟二審判決を破棄差し戻し。八月七日、福岡高裁、救済対象を四肢末梢の感覚障害のある人とする所見示す。九月一一日、福岡高裁、国に解決責任ありとする所見、和解参加をうながす。九月二四日、国、福岡高裁に和解協議不参加を回答。

■一九九二（平成四）年　二月七日、東京訴訟判決。国・県の賠償責任を認めず政治的責任を指摘。六月二六日、熊本県、水俣病総合対策事業実施要項を施行。申請の受付始まる。八月一九日、福岡高裁、一時金四〇〇～八〇〇万円（症状による三ランク）などの和解案提示。一二月七日、大阪地裁、関西訴訟にかんして職権で和解勧告。国、原告ともに拒否。

■一九九三（平成五）年　一月七日、福岡高裁、和解案提示。三月二五日、熊本三次訴訟第二陣判決、国・県の責任を認める。四月七日、被告控訴。**七月一六日、砂田明、逝去。**八月一〇日、細川首相初会見で、国の立場では和解の席につけないと語る。一一月二六日、京都訴訟判決。国・県の責任を認める。一一月、社会党、水俣病問題の即時解決（行政責任問わず和解する）案まとめる。一二月六日、連立与党合同幹事会、水俣病の政治決着の方針決める。

■一九九四（平成六）年　五月一日、吉井正澄水俣市長水俣犠牲者慰霊祭で対策の不十分などを謝罪。六月三〇日、村山内閣発足。七月一一日、関西訴訟一審判決。国・県の責任認めず（大阪高裁で二審継続中）。

■一九九五（平成七）年　三月、緒方正人らの「本願の会」発足。四月二〇日、水俣湾仕切網撤去作業開始。

■一九九六（平成八）年　一月二二日、総合対策医療事業の申請受付再開（～七月一日）。（このあと判定検討会の判定により、医療手帳交付・チッソ一時金支払いつづく）

■一九九七（平成九）年　三月一七日、熊本県、総合対策医療事業対象者判定終了と発表。七月二九日、福島熊本県知事、水俣湾について安全宣言。仕切網撤去完了。**七月五日、国立水俣病総合研究所が依頼した「水俣病に関する社会科学的研究会」発足（二年間）。原田正純、富樫貞夫と宇井純も参加。**九月二八日、「水俣・東京展」開幕（～一〇月一三日）。三万人来場。一〇月一一日、「水俣フォーラム」発足。栗原彬代表、実川悠太事務局長。一〇月一五日、チッソによる水俣湾魚介類買上げ事業終了。水俣漁協自主規制解除、漁業再開。

■一九九八（平成一〇）年　二月一〇日、水俣市総合もやい直しセンター完成。**三月一四日、ユージン・スミス「入浴する母娘像」写真「封印」される。**

■一九九九（平成一一）年　五月一九日「私にとっての水俣病」編集委員会編『水俣市民は水俣病にどう向き合ったか』（葦書房・二〇〇〇年）刊行される。**五月二〇日、著者、水俣病写真二四点水俣市に寄贈。**

■二〇〇四（平成一六）年　一〇月一五日、関西訴訟判決で最高裁、国・県の責任を認め、賠償を命じる。

■二〇〇六（平成一八）年　**四月一三日、本田啓吉・告発する会代表、逝去。一一月一一日、宇井純、逝去。**

■二〇〇七（平成一九）年　三月一〇日、二年七ヵ月ぶりの「認定審査会」で緒方正人認定される。**四月三〇日、著者『水俣を見た7人の写真家たち』（共著・「水俣を見た7人の写真家たち」編集委員会発行、弦書房）を刊行。**五月一八日、関西訴訟で勝訴の大阪府の女性、熊本県に棄却取り消しを求め提訴。

■二〇〇八（平成二〇）年　一月二五日、熊本地裁、溝口訴訟棄却取り消し裁判、原告敗訴の判決。**二月二八日、著者『僕が写した愛しい水俣』（岩波書店）刊行。**二月二九日、語り部杉本学子逝去。水俣病はのさり《たまもの》と語っていた。**六月二四日、土本典昭監督、逝去。**

■二〇〇九（平成二一）年　二月一四日、水俣病審査会終了へ。七月八日、水俣病救済法成立。第二の政治決着となる。

■二〇一一（平成二三）年　三月一一日、福島原発事故発生。

■二〇一二（平成二四）年　二月二七日、福岡高裁、溝口訴訟控訴審判決、水俣病と認める。三月七日、熊本県、溝口訴訟上告へ。**六月一一日、原田正純医師、逝去。**七月三一日、水俣病被害者救済法の救済期限締切り。**一〇月一一日、宮澤信雄、逝去。**

略歴にかえて

塩田武史

私は商業高校出で、高松商業といって、昔は野球が強くてよく甲子園に出場していた。勉強はあまりせず、八人兄弟の下から二番目で、早く就職して家を出たくて仕方がなかった。

東京オリンピックの年、大阪の紳士服メーカーに就職し、毎日満員電車に揺られて通勤していた。まだ伸びきらない坊主頭で仕事を覚えようと必死だった。ふと、このままで一生が終わるのかと思うと虚しくなった。まわりには七三に髪を分けた大学出身者もいて、やるせなくなって、「東京に行きます」と八カ月で退職。大学に行って、漠然とだが「ジャーナリスト」になりたいと、やめる理由として上司に話した記憶がある。

東京には絵を描いている姉夫婦がいて、しばらく転がり込んで、一年間、予備校に通った。なにしろ商業高校出なもので、勉強勉強だった。漢文や古文、英語など初めて学習するようなことばかり。逆に学習することがこんなにもおもしろいことに気づかされた。英語は小田実（『何でも見てやろう』の作家）も講師にいて、よく授業が横道にそれて退屈しなかったのを憶えている。アルバイト三昧の毎日だった。実家には仕事を辞めて仕送りをしてほしいなどとは言えなくて、高い授業料を取り返そうと必死だった。

なんとか法政大学に潜り込むことができた。ところが、この大学は毎日「紛争」で騒々しかった。自分は朝早くから牛乳配達、汗水流してのアルバイト。「いいよな、コイツら、呑気で……」と眺めていた。それでは自分は何に打ち込めばいいのか、悶々とする日々だったが、そこへ「写真もいいじゃない」と絵描きの姉夫婦の意見。高校の新聞部にいたこともあり、すぐに六角校舎と呼ばれていた地下のカメラ部へ入部した。

カメラ部の部室にあった〝土門拳〟の分厚い『ヒロシマ』の写真集に出会う。これを見たときのショックは大きかった。腿の皮膚をはぎ取り頬の皮膚《ケロイド》に移植。その一本一本の糸と赤いはぎ取られた皮膚の色。四五年たったいまも想い出せる。写真とはこんなにも細かくリアルに移せるのか、と衝撃を受けた。

もっと原爆のことが知りたいと思い、図書館に通った。民間のボランティアの学習会にも参加する。当時広島には母親の胎内で被曝したいわゆる胎内被曝児（原爆小頭症）の子どもたちが一七人はいたと思う。そのころ、「胎児性水俣病患者・危篤」という小さなベタ記事が目にとまる。これはいったいなんなのか？　胎内被曝児と胎児性水俣病患者。自然に「ヒロシマ」から「ミナマタ」へ目が向いていった。

大学二年の夏、沖縄の被曝者を訪ねた帰途、途中下車をして水俣に立ち寄った。切り抜きにあった「湯堂《ユドー》はどこですか」と訪ねながら、水俣、湯堂、田中敏昌（胎児性患者）と呪文のように唱えていた。「原爆小頭症」の子どもたちはまだ、歩いたり、話したり、笑ったりすることもできるが、探し当てた田中敏昌君には衝撃を受けた。暗い部屋に寝ころがった姿。タンが詰まっているのだろう、喉が膨らんで「クー、グワー」と苦しそうだ。母や祖母が側にいても何も話せない。私の頭は真っ白になり、カメラは持っていても撮ることはできなかった。何を話したのか憶えていない。逃げるように外に出ると太陽が眩しくてクラッとした記憶がある。いま、考えるといちばん重症の患者を訪ねたことになる。東京に帰っても、誰も「原爆」のことは知っていても「猫踊り病」「奇病」「水俣病」は知らない。いまこの日本で「たいへんなことが起きている！」と思った。忘れることはできなかった。翌年八月、再び水俣を訪ねた。

今度は「写真を撮らせてください」とハッキリ言おうと意気込んでいた。自分の意志を伝えようと彼の前に座った。暗い部屋で何枚か撮らせてもらったなかで一枚のみよく撮れているカットがあった。この一枚がなければ私はいまのように写真家にはなっていないと思う。本格的に写真を撮り始めて一、二年の男が手ぶれもせずスローシャッターで撮っている（撮れている）一枚。こんなちょっとしたことが人生を決めていくのかと不思議である。

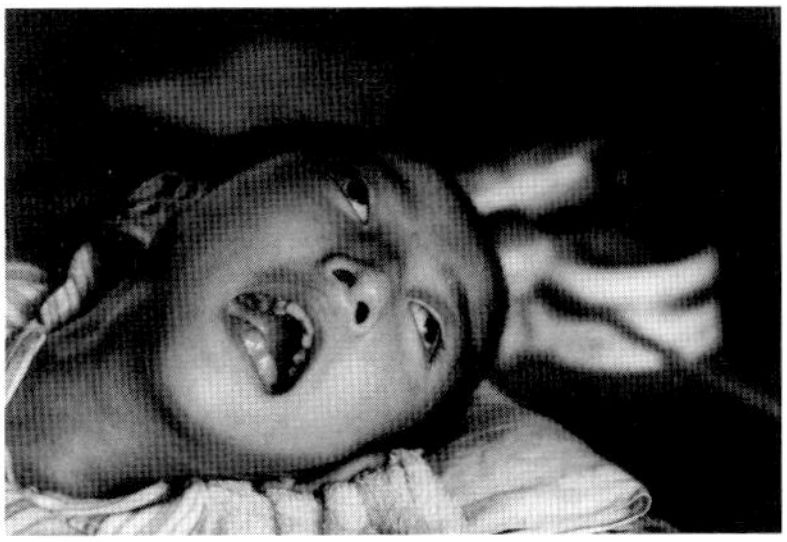

上：初めて撮った田中敏昌さん
左：二人目に撮った渕上一二枝さん

「ほかにもいっぺいおっとバイ」と何人かの胎児性患者がいることを教えられ、二人目に撮った患者が渕上一二枝ちゃん。畳に肘をつけて真正面から撮っている。仲間からは「プロみたいに撮れている」と言われたカット。大学祭に大きくパネルにして展示した。

大学の卒業時には「週刊新潮」に沖縄の混血児のグラビアを載せたり、卒業してからは撮りためていた「水俣病」をアサヒグラフ（現在廃刊）に二〇ページにわたり特集されたり、順調なスタートをきった。就職のことは何も考えず、水俣に家を借り、しばらくは東京と水俣を行き来した。石牟礼さんとも出会い、将来水俣に住み、写真を撮っていくんだという予感はあった。いまと違ってフリーが活躍する場はいっぱいあった。水俣の暗室で四ツ切（Ａ４サイズ）にプリントして東京に送る。それを再び見るのは水俣の本屋さん。キチンとレイアウトされて、自分の写真ではないような気持ちで写真を目にするのは極上の喜びだった。

でも、やっぱり患者にカメラを向けるのはシンドイ。「撮らせてください」とお願いしてもいつも脇の下から冷たい汗が流れるのは正直キツイ。しかしその写真を他人が見てどう思うかはわからないが、撮りつづけて、残さなければならないという思いは止められない。フリーは自分の撮りたいものを撮るという強みがあった。節目節目をずっと撮りつづけることに目覚め始めていた。

銀座のニコンサロンで個展もやり、最初の写真集も判決前に出版することができた。

水俣はなぜ居心地が良かったのか？　私が一八歳まで育った瀬戸内海に面した高松市。瀬戸大橋の見える坂出市寄りの田舎の町。前

ケニア（ナイロビ）での国連環境写真コンテスト特別賞１等賞受賞式 S49. 10. 25

に海、背景に小高い山々。水俣とよく似ていた。自分が育った子どものころを追体験しているようで楽しかった。まわりは患者さんばかりで、「お茶飲んでいかんね」「ご飯食べていかんね」と誰もがよくしてくれた。人情味だけは私の育った田舎には負けなかった。水俣はどこかほんのりとした染みわたってくるような温かさがあった。患者にかぎらず誰もがそうであった。しかしそこが「権力者（チッソ）」の狙いどころだったのかと思うと悲しい。支配しやすかったのだろう。

　ない金をなんとかかき集めて、一大決心でスウェーデンに行った。国連から呼ばれて行ったわけでもなく、誰もが現地で何をすればよいのか手探り状態であった。呼びかけた宇井さんにもわからない。ある政府高官は「恥さらし」だと言った。現地の民間団体が準備した記者会見で初めて自信がもてた。

　結婚したのが二七歳の一月。六月にはストックホルムへ。二年後には国連環境写真コンテスト特別一等賞をいただき、国連環境会議本部のあるケニアのナイロビに招待される。このとき、二カ月間、インド、アフリカを放浪している。

　二カ月も外国にいると住所不定で大使館気付で日本からの手紙が届く。女房からの手紙が来ていて喜んだのだが「もう別れましょうか」と書いてあった。すぐ帰国できるわけではなく、これには困った。インドではデカン高原に入り、ケサリダール（ダールとは豆のこと）の取材がある。これはこの豆を食した思春期（とくに女の子）の子どもと老人が水俣病のような手足のしびれ、感覚マヒがおこる病。この取材を成功させて帰国しなければならなかった。

　日本にいてもあっちこっち出かける。じっとしていては仕事にならない。写真は現場に行かなければ撮れない。五島列島（カネミ油症）、土呂久（宮崎・高千穂）、筑豊（大牟田）、そしてカナダ（原住民居留地）などにも行った。女房から離縁されなかったのが不思議なくらいだった。

　水俣には、私たちのような部外者（よそ者）が全国から集ってきていた。水俣病の悲惨さがあり、苦しんでいる患者たちがいて、当時〝支援公害〟という言葉が生まれた。患者たちは支援者たちの応対に追われ、仕事も何もできない状況であった。誰もが悲惨さのなかの明るさ、優しさに惹かれていった。

　胎児性水俣病患者の母、上村良子さんは涙を流しながら笑える人。自分の不憫な娘のことをニコニコ笑いながら涙を流す。もう堪らない。そういう人に会ったことがなかったからだ。私のカメラのファインダーはいつも曇っていた。

　当時の訴訟派二九世帯は〝役者〟が多かった。歌も踊りも上手で、エロい話もできるし大勢いる人の前で真面目な話もできる。ひとりひとりが立派な役者だったと言わせてもらおう。土本さんたちの映画のような作品も二度と撮れないと思う。そういう至福の時代に私たちは身を置いていた。

一年七カ月の〝自主交渉〟を闘った川本輝夫さんも稀にみる人だった。頭の回転が速く、闘争心もあって、もう二度とああいう人は現われないだろう。ひとりひとりが個性的で、それが水俣病支援の魅力になっている。

最後に今回は「水俣な人」、支援者の人たちの話なのだが、どうしても患者たちのことも話しておきたい。

半永一光さんがハトを手に持っている写真。小さな犬や小鳥などを飼っていて、いつも口移しでエサを与えていた。「あぁ、この子は動物好きなんだ」と思っていた。自由に歩いたり、空を飛んだりしたいんだと自分で勝手に解釈していた。ある日、いたずら心で、小屋のハトを手に持たせれば喜ぶだろうと思い、おとなしそうなハトを選んで持たせた。握りしめられたハトはバタバタ暴れていたが、そのうちおとなしくなり、ハトの温もりが伝わったのか、破顔一笑、ほんとうに嬉しそうだった。私はあわてて車からカメラを取り出し、何枚か写した。

ハトを持つ半永一光さん

当時の湯の児リハビリセンターを訪ねるときもわざと入口のドアから入らず、腰の高さの窓を乗り越えて入る。なぜこんなバカなことをするかといえば、中にいる胎児性水俣病の子どもたちが喜ぶから。彼らは自分では決してこんな行動はできないので私が代わりにするのだ。するとキャッキャッと喜んでくれる。私は彼らが喜ぶのが嬉しかった。病院側は「うさんくさい男」と思いながら患者や家族から受け入れられている私に何も言えなかっただろうと思う。

野球少年、杉田富次君には王選手と長嶋選手のサインボールと色紙をもらいに行った。それを手渡したとき、意外というか、いま思えばあたりまえなのだが、彼は喜ばなかった。なんの反応も示さなかった。うかつにも彼は目が見えなかったことにそのときはじめて気がついたのだ。わずかな光を頼りに生活している彼を私は〝目が見えている〟と思い込み応対していた。自分が恥ずかしかった。

一度リハビリセンターにいた半永君を車イスで屋上に連れて行ったことがある。車イスからコンクリートに下ろし写真を撮った。いつもの畳の上とは違うコンクリート。はたして彼はそこに伏したまま動かなかった。このカットを見て「水俣がよくわかる」という人と「残酷だね」という人に分かれた。これは「やらせ」だという批判もあった。

水俣病を表現する場合、どう撮ればよいのかいつも考えていた。残酷になる場合もあるし、偶然に撮れる場合もある。こう撮れたらいいなという気持ちをもちつづければ、案外

撮れると信じている。

スミスたちの撮った「フロに入る母娘像」のカット。あれもお母さんから「塩田さんも撮りたかっただろうね」と言われたことがある。私は「うーん」と苦笑するしかなかったが、あとからだんだん腹が立ってきた。そこまで撮るかという気持ちと、私を含めて、日本人なら撮らないだろうという複雑な気持ちになった自分に腹を立てたのだ。

「救済」とはなんだろうといつも考えている。温かみのある助け、救済。これに尽きると思う。そのひとりひとりに合った救済。今度の特措法（最終改正案二〇一二年五月二五日）の件にしても、いつまでと期限を切らずに、「いつでもいいですよ」が救済だと思う。チッソの労働者も多少は病状があるだろうし、働いているあいだはチッソにものが言えないが、退職してから「申請」しようと考える人もいるだろう。それが温かみのある救済だと思う。

「認定基準」も手足のしびれとか視野狭窄とかすべてそろって水俣病、というのもおかしい。ひとつでも症状があれば水俣病と認める、治療費もキチンと出して安心できる体制。病院代もけっこうかかるし、やっぱり安心感は必要だと思う。

水俣を埋め立てて四八五億円。四八五億円あればなんでもできる。ヘドロをあんなふうに埋め立てて良かったのかどうか、いまも疑問に思っている。この時代でほかに方法はなかったのだろうか。

当時の子どもたちがいま、五〇代、六〇代になっているが、水銀の影響は出ていると思う。私は子どもたちの家庭教師を永年やってきたけれど、中学生がかけ算の答えがすぐ出てこなかったり、教えていて、腹が立ってきたものだ。その子どもたちがもう五〇代。「具合はどう？」とたまに聞くことがある。頭痛が激しいという。子どものころから薬が手放せなかったり、その症状は年齢とともに顕著になってきている。このような身体的な症状とともに、水俣をとりまく偏見の歴史も彼らは歩んできた。加害者の責任を問うのではなく被害者をたたいてきたのだ。

水俣の水銀汚染も福島の放射能問題もこれからも永くつづく問題で、事実関係を隠ぺいせずほんとうのことを住民に知らせてほしい。チッソも「安全宣言」ではなく、「水銀は当然入っています」くらいのことは言う度量がほしい。これこれの量で一年間食べてこう、とか、チッソの技術者ならできると思う。微量摂取すればどうなるのか、研究して正直に発表して欲しい。


いろいろあったが、こうやって水俣に関われたことを、水俣の人、とくに患者さんたちに感謝している。

水俣の「俣」というのは水が分かれるイメージだろうか。私には優しい穏やかなものが感じられる。水俣は天草出身者が半数くらいいるのだろうか。そういうのを調べてみるのもおもしろいと思う。水俣出身の谷川健一さんは、地名の研究もやっているのではなかったか。私はどちらかというと、こういう方面が好きなのだ。民俗学的なことが。いまからでも遅くないと思うが、生まれ変わったら写真も含めてこの方面を極めたいと思っている。
※水俣病資料館の方が著者インタヴューした記事（二〇一二年五月二九日）を著者が短くまとめ直しました。

あとがき

水俣病問題にはなんと多くの人びとが関わってきたことか。その人びとをここにすべて取り上げることはもちろんできないが、この人たちのまわりにはさらに多様な人びとがいたことを想像していただきたい。

なぜ、これだけの人びとを水俣は惹きつけてきたのか。一人ひとりの考えは異なっているだろうが、たぶん、このようなことだろうと私も想像する。

一　世界初の水銀中毒。
一　その症状の苛酷さ。
一　患者たちから染み出る優しさと明るさ。
一　訴訟派二九世帯の一人ひとりの魅力。
一　石牟礼文学の『苦海浄土』の広がり。
一　土本映画「水俣」の広がり。
一　日本人のもつ「義理人情」。

など。

結論はひとつではないが、こういったものが合わさった結果だろうと思う。

まず、この本に載せたい人たちのリストを作り、私は写真家なので、昔の「いい写真」があるかどうかを優先した。二〇〇名ぐらいになることに気づいた。北海道から沖縄までこれだけの人をインタヴューして廻るのは、私の体力がたぶん保たないだろうと思った。一〇〇人ではどうか。それでも、体力、資金、時間があるかどうか？

私が懸念していたのは同じ「水俣」に集った人びとの「想い」は皆同じで、文章、写真がマンネリ化に（同じように）なってしまわないかということ。それならと五〇人くらいに絞って、減らした分、中身の濃いものにしなければと思った。資料を充分にあたり、写真のセレクトを繰り返し、結局五〇名余になった。

ハッキリ「拒否」された人は一人。態度を保留され「なにも返事がなかった」人が一人。行方がわからず「勝手に載せた」方が一人。おおむね、四〇年ぶりの再会を喜んでいただいた。

評価は読者の方々に委ねるしかないが文章を書いているときも、写真を見直すときも、皆さん「いい歳」をとり、なんと魅力あふれる人たちなのだろうと思った。楽しかった。ここであらためて御礼申し上げたい。

参考文献

『告発』縮刷版、東京・水俣病を告発する会編
『水俣』縮刷版、熊本・水俣病を告発する会、葦書房
『新潟水俣病の三十年――ある弁護士の回想』坂東克彦著、ＮＨＫ出版、二〇〇〇年
『水俣病闘争の軌跡』池見哲司著、緑風出版、一九九六年
『ドキュメント「水俣病事件」沈黙と爆発』後藤孝典著、集英社、一九九五年
『水俣巡礼――青春グラフティ’70～’72』岩瀬政夫著、現代書館、一九九九年
『水俣そしてチェルノブイリ』柳田耕一著、径書房、一九八八年
『映画は生きものの記録である――私論・ドキュメンタリー映画』土本典昭著、未來社、一九七四年
『水俣の啓示――不知火海総合調査報告』（上・下）色川大吉編、筑摩書房、一九八三年
『私の昭和史――憲法に護り護られての闘い』馬場昇著、熊本日日新聞情報文化センター、二〇〇六年
『土からの医療――医・食・農の結合を求めて』竹熊宜孝著、地湧社、一九八三年
『水俣病』原田正純著、岩波書店（岩波新書）、一九七二年
『水俣学講義』原田正純編著、日本評論社、二〇〇四年
『下下戦記』吉田司著、白水社、一九八七年
『水俣病事件四十年』宮澤信雄著、葦書房、一九九七年
『苦海浄土――わが水俣病』石牟礼道子著、講談社、一九六九年
『伏流の思考――私のアフガン・ノート』福元満治著、石風社、二〇〇九年
「アサヒグラフ」朝日新聞社編
「水銀（みずがね）第一集　おツヤ婆さんと水俣病」松本勉編著、自費出版、二〇〇二年
「水銀（みずがね）第二集　田中アサヲさんと水俣病」松本勉編著、碧楽出版、二〇〇三年
「水銀（みずがね）第三集　坂本フジエさんと水俣病」松本勉編著、碧楽出版、二〇〇四年
「水銀（みずがね）第四集　松田ケサキクさんと水俣病」松本勉編著、碧楽出版、二〇〇六年
『ある公害・環境学者の足取り――追悼　宇井純に学ぶ』宇井紀子編、亜紀書房、二〇〇八年
『水俣病患者とともに――日吉フミコ闘いの記録』杉本勉・上村好男・中原孝矩編、草風館、二〇〇一年
『「有機農業公園」をつくろう――有機で豊かな環境と人々のつながりを』魚住道朗編、日本有機農業研究会、二〇〇七年
『聞書水俣民衆史』（第一巻～五巻）岡本達明・杉崎次夫編、草風館、一九九六年～二〇〇四年

塩田武史（しおた・たけし）
1945年生まれ。写真家。1970年に水俣に移住、現在は熊本市在住。『アサヒグラフ』を中心に写真を発表。写真集に『塩田武史写真報告　水俣 '68－'72深き淵より』（西日本新聞社）『水俣を見た7人の写真家たち』（写真集「水俣を見た7人の写真家たち」編集委員会）『僕が写した愛しい水俣』（岩波書店）などがある。

著者近影（撮影：塩田弘美）

水俣な人——水俣病を支援した人びとの軌跡

二〇一三年四月二五日　第一刷発行

定　価　本体二八〇〇円＋税

著　者　塩田武史

発行者　西谷能英

発行所　株式会社　未來社

〒一一二—〇〇〇二　東京都文京区小石川三—七—二

電話　〇三—三八一四—五五二一（代）

振替　〇〇一七〇—三—八七三八五

http://www.miraisha.co.jp/

e-mail:info@miraisha.co.jp

印刷・製本　萩原印刷

ISBN978-4-624-41095-7　C0036

（消費税別）

土本典昭著
〔新装版〕映画は生きものの仕事である

〈私論・ドキュメンタリー映画〉名作《水俣》シリーズはいかに撮られたのか。演出ノート、映画論、上映日誌、シナリオ採録などを集成。ドキュメンタリー映画のバイブルを復刻。

三五〇〇円

土本典昭著
〔新装版〕逆境のなかの記録

『映画は生きもの…』の続篇。裁判闘争の前線から、医学の臨床・研究現場へ、さらには不知火の海辺へ。足踏みする記録者の思考の軌跡。ドキュメンタリーの命脈がここにある。

三九〇〇円

高橋美香著・写真
パレスチナ・そこにある日常

戦闘や犠牲の一面だけじゃない。そこには笑顔も夢も、そして私たちと同じ「生活」もある。パレスチナに生きる人びとのありのままの日常を伝えるルポルタージュ。写真95点収載。

二〇〇〇円

大野のり子著・写真
記憶にであう

〈中国黄土高原　紅棗（なつめ）がみのる村から〉「今なお知られざる戦争の記憶。戦後60年、初めて出会った日本人と地域の人々との希有の交流の記録」——高橋哲哉氏推薦。
一五〇〇円